数码单反摄影实拍技法大全

COMPLETE COLLECTION OF DIGITAL SLR SHOOTING TIPS

广角势力　编著

中国铁道出版社
CHINA RAILWAY PUBLISHING HOUSE

内 容 简 介

《数码单反摄影实拍技法大全》将按影友拍摄习惯的分类方法，将日常拍摄题材分为风光摄影、人像摄影、花卉摄影、宠物摄影、静物/美食摄影和纪实摄影六个大类，结合全国各地资深摄影师的精彩图片与技法，将拍摄理念和实战经验相结合，为影友打造一本图片精美、技法实用、学习性与收藏性兼具的实拍技法类图书。

每一个拍摄类别，在内容架构上分为两部分。第一部分：一篇或数篇通用摄影技巧的文章，理论技法文字为主，插图为辅，以配合说明技法文字；第二部分：按该类别细化的摄影题材分类，以大幅精美摄影作品吸引读者，并配以作者详实的拍摄参数和具体针对该幅作品的拍摄步骤和技巧文字，让读者首先眼前一亮，继而有拍摄类似精美作品的欲望，细看相应的图片说明文字，也可以快速上手拍摄出类似水平的摄影作品。

本书适合初、中级摄影爱好者，也可作为社会相关培训班的实拍教材。

图书在版编目（CIP）数据

数码单反摄影实拍技法大全 / 广角势力编著. —北京：中国铁道出版社，2010.10

ISBN 978-7-113-11869-3

Ⅰ. ①数… Ⅱ. ①广… Ⅲ. ①数字照相机：单镜头反光照相机—摄影技术 Ⅳ. ①TB86 ②J41

中国版本图书馆CIP数据核字（2010）第166719号

书　　名：**数码单反摄影实拍技法大全**
作　　者：广角势力　编著

策划编辑：严晓舟　张雁芳
责任编辑：张雁芳　　**读者热线电话**：400-668-0820
特邀编辑：张　韬
封面设计：李贵军　　**封面制作**：白　雪
责任校对：王　宏　　**责任印制**：李　佳

出版发行：中国铁道出版社（北京市宣武区右安门西街8号　　邮政编码：100054）
印　　刷：北京精彩雅恒印刷有限公司
版　　次：2010年10月第1版　　2010年10月第1次印刷
开　　本：787mm×1092mm　1/16　　**印张**：13.25　　**字数**：304千
印　　数：5 000册
书　　号：ISBN 978-7-113-11869-3
定　　价：59.00元

序

本套摄影丛书是摄影爱好者的良师益友。

110年前，胸怀壮志的“柯达”创始人伊斯曼立志造出这样的相机：“你只需按下快门，其他的事相机都会为你完成。”今天的“全自动相机”、“傻瓜相机”实现了伊斯曼的梦想。但是人类的创造性不会被代替，艺术的创造也不会让人甘当傻瓜。在发挥才智的过程中，在创造艺术的殿堂里，人的激情与智慧不可估量，永远无穷无尽。

使用现代数码相机可以实现“全自动”，但那只能拍到普通的好照片。如果想拍摄出有特点、有个性的好作品，则需要用头脑、用方法、用技巧。这套书就是让我们不停留在“傻瓜”挡，而要开动脑筋，拍出不一般、有特点、有创造的好照片。

如果把摄影创作比作三级跳，这套书就是那飞奔而来的第一、第二、第三跳，从技术、技巧到创造，有目标、有激情又有超越。随之而来的就是我们的目标——平凡而新奇的画面不断出现，把生活中的精彩升华为影像的定格。

现代数码相机入门容易，但是其创造天地却是无比广阔。

清华大学美术学院　韩子善

2010年8月

前言

随着数码单反相机的日渐普及，越来越多的家庭拥有了数码单反相机。但是不是相机换成了数码单反相机，照片水平就提高了呢？其实与便携相机相比，数码单反相机需要操控者拥有更高的摄影技术，否则，一个只会按快门的相机操控者未必能用数码单反相机拍摄出比便携相机更好的作品。所以，在数码单反相机日益普及的今天，影友们需要有一些上手快、实战性强的摄影指导书籍，作为硬件的一个补充，来满足他们追求完美影像的梦想。

《数码单反摄影实拍技法大全》 将按影友拍摄习惯的分类方法，将日常拍摄题材分为风光摄影、人像摄影、花卉摄影、宠物摄影、静物/美食摄影和纪实摄影六个大类，结合精彩图片与技法，将拍摄理念和实战经验相结合，为影友打造一本图片精美、技法实用、学习性与收藏性兼具的实拍技法类图书。

每一个拍摄类别，内容架构上分为两部分。第一部分：一篇通用摄影技巧的文章，理论技法文字为主，插图为辅，以配合说明技法文字；第二部分：按该类别细化的摄影题材分类，以大幅精美摄影作品吸引读者，并配以作者详实的拍摄参数和具体针对该幅作品的拍摄步骤和技巧文字，让读者首先眼前一亮，继而有拍摄类似精美作品的欲望，细看相应的图片说明文字，也可以快速上手拍摄出类似水平的摄影作品。

在图书编写过程中，每一位作者对图片和文字的认真态度非常令人感动。“风光通用技巧”的作者老骆驼，为了选出一幅既能说明技巧知识点、图片本身又符合好照片标准的照片，时常是四块移动硬盘同时插在电脑中，从海量的图片文件中寻找最满意的一幅，以最高要求的精美图片呈现给读者。 在此非常感谢！

需要感谢的人有很多：最认真细致的老朋友伍韬；始终无私提供图片的摄影师徐华定；在百忙之中抽时间专门在影室中拍摄样片的郑小M；每次拍到好照片都要亲自打电话报喜的老朋

友姚汉军；拍摄最认真、对摄影狂热爱好的影友曹来京；远在荷兰却基本是头天要照片第二天就能传来大图文件的Nicky；热爱生活、所有花卉照片中的花草都是亲自种植的美女影友笑菊；虽然从未谋面，但一直非常值得信任的朋友江胜；每次都不辞辛劳，坚持亲自送来照片的好朋友王文光；所拍照片总是能给人带来惊喜的老朋友周正；小相机总能出大片的资深影友山羊；一直给予支持的著名摄影家李少白；我的前任公司领导熊伟；一起奋战的同事张韬、张雷、王瑜、董帅、曹亚旭、周盼盼；还有本书其他图片贡献者Kevin、刘喜善、杨卫华、冯建平、严厚康、朱红欣、张帆、杨崇海、孙瑜、曾国全、刘晓龙、赵宇红、书虫、滕飞、 孙若斐、谌慧敏、易丹华、梁源、范家英、靳飞跃、王景学、张林平、田三龙及屈公选等。感谢大家对本书的支持与信任！

最后要非常感谢我的家人，在工作最忙碌的日子里给我无限的关爱与支持！

我们在完成书稿的过程中，对技术的把握力求严谨准确，对文字的核对力求通畅易读。但仍难免存在疏漏，欢迎影友指正。邮箱：770627@126.com。

广角势力　陈丹丹

2010年8月

目录

目录

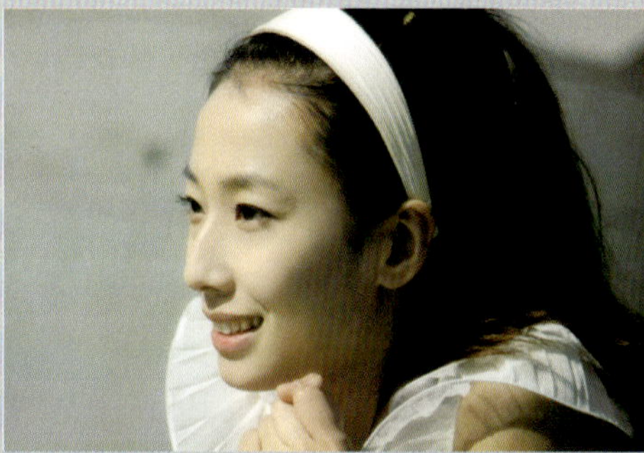

目录

01

什么是好照片

好照片的标准
好照片没有标准

1.1 好照片的标准

大部分摄影爱好者，第一次拿起数码单反相机拍摄的时候，面临的第一个问题就是：

什么是好照片？

玩商业摄影的人说：客户给钱的照片就是好照片。

搞纪实摄影的人说：打动观众的照片就是好照片。

玩风光摄影的人说：能入图库的照片就是好照片。

搞人像摄影的人说：模特喜欢的照片就是好照片。

玩主观摄影的人说：自己喜欢的照片就是好照片。

搞新闻摄影的人说：能上报纸的照片就是好照片。

玩体育摄影的人说：抓住瞬间的照片就是好照片。

搞医学摄影的人说：拍得清楚的照片就是好照片。

以上说法摘自网络，貌似调侃，细读之后，却有些道理。

有道理，但又不全面。

古话云：文无第一，武无第二。在各种各样的摄影比赛中，由于比较标准的差异，关于获奖照片的评选，评委们总是众说纷纭，难达共识。翻看各类摄影教材，关于什么是好照片的描述，老师们也是五花八门，各说各话。

大部分影友喜爱摄影，外出创作，或者是为了亲近自然，陶冶性情，捕捉曾经打动自己的美丽风光；或者为了记录旅行见闻，生活瞬间，与家人朋友快乐分享。如果自己的照片能在杂志或网站发表，甚至比赛获奖，图片库收藏，则是一种更大的心理享受了。

我们结合大量影友的创作实际，以及各大影赛评委、图片库编辑及摄影媒体编辑挑选照片的经验，提出“好照片的四个标准”。

◀ 拍摄于辽宁省盘锦市辽河口国家级自然保护区，这里是全国最美的湿地之一。这种鸟在湿地是比较常见的，学名叫苇莺。画面中这只大鸟像一位含辛茹苦的母亲，不辞辛劳衔来一些食物准备喂养嗷嗷待哺的小鸟。为了不打扰这温馨的家，作者采取遥控的方法拍摄了这令人感动的镜头。画面主题鲜明，色调温暖，曝光准确，景深控制恰当，主体十分突出，是一张人见人爱的“好照片”

1.1.1 好照片要有主题

在著名的《美国纽约摄影学院教程》里，有这样一段话：一张好的照片里所表现的人物、风景或者情感，不应该仅对你个人来说是有意义的，它应当对任何人都同样是很有意义的。这就是好照片的“普遍性法则”。

这种普遍性意义，就是指照片的主题。换句更为通俗的话：你这张照片想说明什么？

主题，可以说是一张照片的灵魂。一张照片，总要向观看的人传达某种想法，某个事件，或者某些情感，某类情绪。如果这些想法或事件或情感或情绪对大部分人没有意义，这就是一张“没有主题的照片”。

▶ 这是一张非常常见的“旅游纪念照”。我们能看出画面上的老人在给酥油灯添油，旁边两位，可能是老人的家人，也可能是等待添油的游客。先不说照片的技法是否得当，从主题上来讲，这张照片首先不具备“普遍性法则”。不过，对拍摄者个人来讲，或许具有留念的意义

▲ 同样是一张旅行途中抓拍到的照片，同样是无法讲究拍摄技法。但这幅照片里的画面内容，却能够引起所有观者的共鸣。一所破败的小学校，一位有些残疾的老师，带着一群年龄不一的学生，手持国旗敬礼。他们或许在进行升旗仪式，或许是某项校园活动的序幕，无论怎样，他们的拳拳爱国心，是让观者感同深受的好主题

为了表达照片的主题，大家在拍摄时，就需要对取景框中包容的内容进行些取删处理。不能简单地纯自然地将看到的所有东西都拍入照片中来。与要表现的主题无关的东西放得太多，就会冲淡主题，显得乱了。

另外，与时代进步紧密结合的主题，与真善美亲情爱情等情感密切关联的主题，或者能够引起观者怀旧及感慨的主题，能够引起人们反思的负面主题，都容易吸引大家的眼球，在照片主题上先声夺人。

▲ 松花江春日开江的场面十分壮观，开裂撞击、响声灌耳，冰排漫江、气势磅礴，吸引着很多摄影爱好者前往拍摄。这张照片冰面的裂口方向指引着太阳的方向，构图巧妙，用太阳的红色光影衬托冰面的白皙，而一群辛苦创作的影友，表现出了摄影创作的快乐与艰辛。画龙点睛地烘托出照片的主题。如果几个影友的身影不出现在画面，照片的主题，则会演变成单纯的日出日落光影

◀ 人像照片也需要恰当地表达主题。这是一幅名为“孕育”的照片，作者想用一个形似子宫的沙发，表达出婴儿在子宫里面孕育的主题。但画面中的沙发显得又旧又脏，人体模特的姿势也不美妙，将“孕育”这个满含希望与憧憬的主题，表现得并不赏心悦目。这是主题表达比较生硬的一个例子

▲ 这是极富生活气息和人情味且主题鲜明的一幅沙龙摄影作品，名为《丰收日》。无论是构图还是色彩，都能看出作者精心安排，人物的完美表情为作品平添了感人的气氛。这种主题与技法相对完美的照片，也遭到部分摄影师的批评，认为摆拍的痕迹过重。对影友来说，能拍出这样的照片，理所当然是好照片

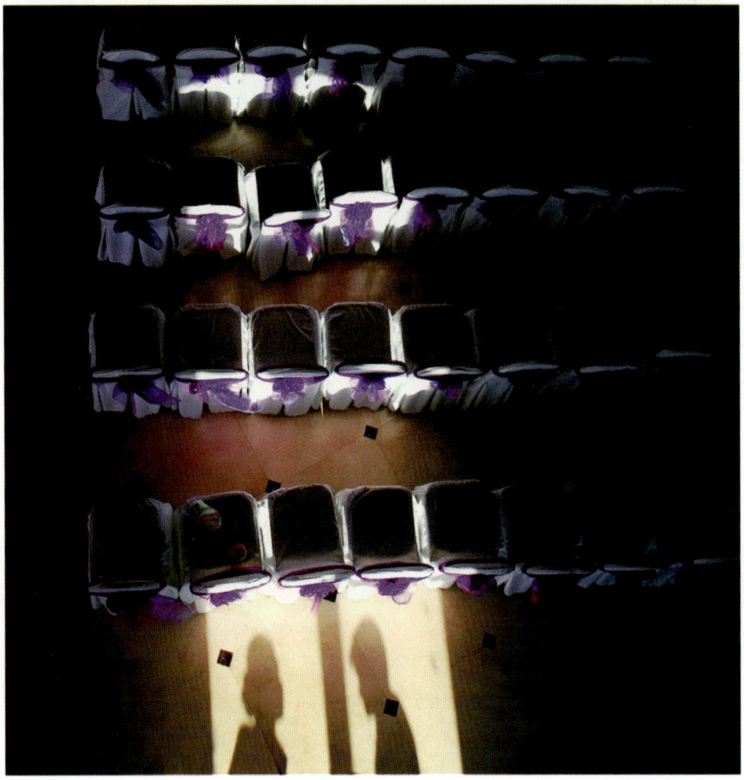

▶ 这是婚礼前偶然抓拍的一张照片，作者巧妙利用了一男一女两个人影以及婚礼现场扎着彩带的一排排椅子巧妙叙述一场即将到来的婚礼。虽然立意含蓄，但主题鲜明，作者独具匠心的表现手法赢得了观者的认可，这是某摄影杂志月赛中获奖的一张照片

1.1.2 好照片要有主体

主体是什么？

简单地讲，主体是一张照片的视觉中心点。一幅好的照片，总是把观众的视线吸引到能够表现主题最重要的“事物”上面。这个“事物”，就是主体。

一张照片，尽量不要出现两个主体。即使有两个需要表现的重点，也尽量将他们处理为“主体”与“陪体”的关系。顾名思义，“陪体”是在画面里起到烘托主体、突出主体作用的事物。

在拍摄时，我们要排除和压缩对主体起干扰效果的其他“事物”。很多影友刚拿起相机时，容易出现的问题就是什么都想纳进取景框，什么都想拍，结果画面内容繁多，看不到主体，也就无法突出主题了。主体的选择，可以是需要重点突出的人物，可以是风景中最具表现力的局部，也可以是光影营造出的某种气氛，还可以是画面中的一个线条，或者一种色彩。在后面的实拍章节中，我们会提到很多构图以及用光的技法，这些技法的合理采用，很多时候就是为了突出照片的主体。

◀ 荷塘是影友喜欢拍摄的题材。荷塘里荷叶繁茂，荷花盛开，将什么作为画面的主体，是考验拍摄者眼力和技法的事情。这幅照片拍了一大片荷塘，却让人找不到视觉中心。这种缺乏主体的照片，是很多摄影初学者常常拍到的

▼ 相对而言，这张照片的视觉中心点很容易找到。作者用大光圈虚化了背景，将一朵盛开的荷花放在画面左下角，两只蜜蜂起到了画龙点睛的作用

突出主体的方法有很多，有时候通过构图技法，将需要突出的主体，放在黄金分割点或画面对角线上；有时候可以通过光圈控制景深，将复杂的背景虚化掉；有时候可以通过选择合适的视角，将不必要的干扰从画面中去掉；另外，将主体安排在光线下、通过色彩对比突出主体等，也是初学者很容易掌握的技法。后面的章节会讲到很多这样的技法。

▲这是一幅雪后拍摄的铁丝网，可以看出作者观察自然的眼光还是相当独到的。整齐的网状排列形成强烈的视觉冲击及形式感，但画面的最大问题是缺乏一个主体，让观者的视觉不知往哪里看，整个画面更像一个素材，而不是摄影作品

◀用仰拍角度突出主体，是拍摄建筑时常用的一种方法。另外，长焦镜头的运用，可以将建筑的局部作为画面的主要元素，从而突出了建筑的特色与细节

1.1.3 好照片要与众不同

好照片一定是让人眼前一亮的照片，这就是“与众不同”，而与众不同，可以从两层含义理解。

第一是：照片本身，是否具有独特的摄影语言，即是否表现出与同样题材不一样的视角、技法或者主观创意；

第二是：从纵向或者横向比较，这幅照片的题材是否显得别开生面，让人印象深刻。

艺术贵在创新。摄影的地点大同小异，拍摄的技法，在熟练掌握之后，也不再成为门槛。当我们看到一大堆似曾相识的照片时，难免产生审美疲劳。

古话曾说：不走一帅必走一奇。帅和奇，都能博人眼球、只不过帅更常规，而奇，则是与众不同。

◀ 吴哥窟作为世界历史文化遗产，已经成为全世界旅游者及摄影爱好者的目的地。如何拍出不一样的吴哥风貌？如何得到一张与众不同的吴哥图片？也成为困扰很多影友的难题。这幅画面，将吴哥豆蔻寺一堵墙面上的壁画作为主体，利用洞口射进的自然光线，采用类对角线构图的方式，既栩栩如生地刻画了主体的风貌，又显得与众多画册或明信片上的吴哥图片很不一样。所以，很多时候，向上看，或者向下看，你会发现不一样的世界

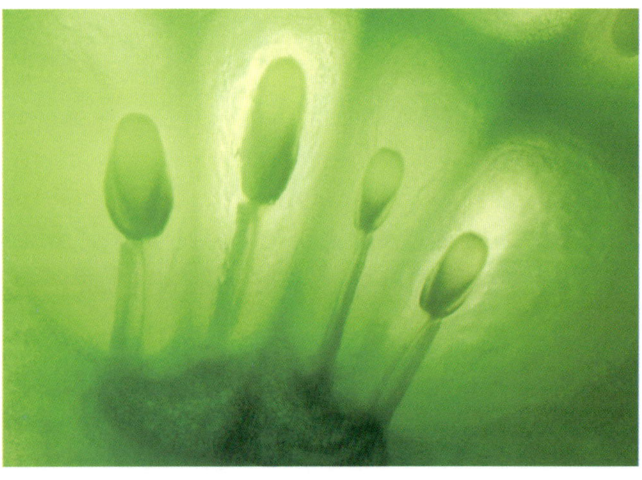

◀ 如果不加说明，谁能看出这是一片猕猴桃的局部呢？静物或美食摄影，是生活中最常见的拍摄题材。如果只是常规地拍摄，很难得到让人眼前一亮的图片。而作者利用微距镜头、猕猴桃、凡士林和胶带等简单的道具，在家里拍出了这样如同艺术画一样的图片，不能不说是巧夺天工，与众不同

要想让照片与众不同，可以通过不同的拍摄技法实现，比如采用追随摄影拍摄体育项目；采用爆炸效果拍摄突发事件，利用后期软件实现不一样的光影等。

但还有很重要的一点，就是大量阅读全世界优秀的图片，让脑海里面充满林林总总与众不同的创新图片，站在巨人的肩膀上创新，自然会显得更加容易。

古语说得好，勤能补拙，“创新”一词，不仅靠天分，更要靠勤奋。

▶ 同样，故宫角楼是全国影友来北京必拍的题材。角楼的拍摄角度大同小异，效果也基本一样，无非是你的多了几篇云彩，我的换成了晚霞。这幅片子向后退了几十米，用一棵柳树作为前景，利用剪影的效果将角楼与柳枝融在一起形成色块，大家熟悉的角楼，就此变得神秘和新奇

▼ 这样的角楼片子，是大部分影友拍到的效果。从画面光影、构图等各个方面看，相当不错，唯一的缺点就是太常规

1.1.4 好照片不能出现明显的技术失误

一幅好照片，不能出现明显的技术失误。所谓“技术”，通常会涵盖如下几个方面：

1. 对焦：焦点要清晰，不能出现明显的脱焦虚焦现象；

2. 曝光：曝光要准确，光影效果不能太平淡；

3. 层次与细节：一幅好的照片应该有丰富的层次与细节，以满足尽可能多的用途；

4. 色彩：好的照片色彩应真实，不要出现特别夸张失真的色彩表现；

5. 后期处理适当：在数码后期越来越流行的今天，合理应用后期处理，不要过度处理，甚至弄虚作假，也是评价照片好坏的重要前提。

▲ 这就是出现拍摄失误的照片。本来一个很好的题材，由于相机没有把持稳定，这张照片主体与环境模糊，放大之后噪点明显

▶ 这是另外一种典型的技术失误——后期处理过度。在数码后期越来越简单的今天，利用鼠标点几下，可以得到很多与众不同的光影。很多影友由于对色彩、层次等技术掌握不好，后期调整时经常调出这样浓艳的照片，显得很不真实，也会增加明显可见的杂色点。初学者应避免此类失误

▲ 夜景是影友喜欢拍摄的题材，夜晚里灯光的流光溢彩，建筑表现出来的独特魅力，都是我们拍摄的好对象。这幅图片是一幅优秀的夜景图片，画面细腻，层次丰富，主体与陪体搭配得当，曝光控制优秀。后期接片得当，看不出明显的痕迹来

1.2 好照片没有标准

艺术贵在创新，摄影也一样。自从摄影术发明以来，关于照片标准的争论，就从来没有停止过。我们只是提出了评价或者拍摄一幅好照片应该遵循的几个基本原则，但大家不要以此作为金科玉律。经验证明，只有敢于打破规矩，突破标准的人，才有可能获得真正不一样的“好照片”。

从这个角度说，好照片其实没有标准，能够表达出拍摄者的思想情感，能够及时记录下重大历史事件，能够采取不一样的角度，都可以算是“好照片”。

▶ 从传统意义上看，这幅名为“风景”的照片，似乎主体缺失。但恰恰是一种不同寻常的大胆色彩抽象构成，传达出作者眼里与众不同的自然风光，并形成了一种装饰画的效果

▲ 从技术上评价，这似乎是一张有着技术“硬伤”的照片——焦点有点虚，曝光也略显不足。但这却是一幅获得荷赛（世界新闻摄影比赛）一等奖的照片，叫《一个国家的疲惫》，通过伊拉克战场上一位士兵的瞬间动作，传达出重大历史事件下个人的命运多舛、以及国家从上到下的疲惫

人说摄影面临三重境界：见山是山，见山不是山，见山还是山。

大部分影友，刚刚拿起相机之时，“见山是山”，看到什么都想拍，拍不出又觉得不如人意。这个时候，遵循好照片的几个标准，可能有助于迅速提高摄影的审美能力，以及对摄影语言的把握。所以，对于摄影初学者来说，能拍到唯美的糖水片，能拍出漂亮的明信片照片，可以说已经达到了“好照片的境界”。

而要实现“见山不是山”的第二重境界，创新则是必不可少的基础。很多影友拍了两三年，糖水片看腻了，大部分题材也都尝试过了，希望能够形成自己的摄影风格，或者拍出与别人不一样的照片。这个时候，技法仅仅是基础设施了，想法，反而成了仅剩的法宝。但想法的积累与培养，并不是一两年的事情。它与一个人的文化积累、生活沉淀，以及对世界的见识，对生命的思考，都紧密相关。

至于“见山还是山”，在摄影的道路上历尽坎坷，返璞归真，拍出朴实厚重又深具韵味的照片，是很多摄影大师历尽此生也未能完成的一个夙愿。到达那个境界，可以说“打通任督二脉”，可以完全忽视任何“好照片的标准”，随心所欲，信手拈来，皆成佳作。

好了，让我们脚踏实地从这本书起步，认真学习拍摄技法，从拍出第一张好照片，开始我们的摄影之路！

▲ 从传统的摄影技法规则来说，这幅作品也许是一幅曝光过度的失败之作。然而摄影师有意消除了背景的细节，从而强化苍茫天地之间人的渺小，并且传递出一种哲理的信息，带有东方禅宗的魔力。这种不符合传统审美的“主观摄影”，得到了很多年轻影友的喜欢。敢于打破传统，敢于挑战权威，你就距离好照片更近了一步

02

风光摄影通用技巧

风光摄影的器材
风光摄影的构图
风光摄影的用光
风光摄影的影调

2.1 风光摄影的器材

风光摄影的器材准备方面，除了常规的相机镜头是必不可少的之外，一些摄影小配件也非常重要。要想得到高质量的风光摄影作品，一个稳固结实的三脚架当然是必备的。另外，一些实用的滤镜也可以给我们的拍摄带来很多便利。

2.1.1 相　机

当你背上行囊准备周游四方时，一台数码相机是必不可少的，这样我们才可能把旅行中真实丰富的美景展现给他人。如果只是想简单记录一些到此一游的纪念照，那么现在市面上的数码相机都能用，甚至几百万像素的拍照手机都是很好的视觉记录工具。如果你想拍摄一些更精妙绝伦的风光片，那么在器材方面就必须要有所准备。

追求完美的摄影爱好者大多还是选择数码单反作为摄影工具。因为数码单反可更换镜头，有丰富的手动功能，可以给风光摄影爱好者很大的创作空间。不过摄影是思维的延续，相机只是一个记录的工具，不要过于迷信相机。对风光摄影而言，便携数码相机也有其自身的优势，因为很多时候需要经过艰难地跋涉和徒步行走，有时甚至还需要携带帐篷、睡袋和炊具。这时候，一款方便携带的数码相机还是具有显著优势的。

▲ 主流数码单反相机佳能EOS 500D

目前仍然还有很多风光摄影师在坚持使用胶片相机，风光摄影师坚持使用胶片相机最重要的理由往往是使用大画幅和中画幅的相机以记录更丰富的细节。另外一些风光摄影师使用胶片相机完全是因为习惯，习惯于通过选择不同类型的胶片来控制色彩特性、影调特性等。就现在主流数码相机的成像质量而言，其实已经达到或超越了传统135系统胶片相机的成像质量，完全可以满足大多数风光摄影爱好者的需要。

2.1.2 镜 头

对于风光摄影而言，选择镜头是十分重要的。最理想的镜头配置当然是覆盖各个焦段、变焦和定焦兼备、光圈越大越好。但现实中往往既不能承担这样的成本，也无法携带如此多的镜头，因此我们还是要进行权衡和取舍。取舍的依据主要是自己的摄影习惯和偏好，同时要兼顾自己的购买能力和背负器材的体能。

▲ 长焦镜头

在风光摄影中广角镜头能包容更广泛的信息，因此更适合庞大恢宏的场景。相比较，长焦镜头能从杂乱的场景中裁切出最有趣味的画面。很多非常成功的风光照片往往包含很多景物，在景物众多的情况下，有时候需要很广的视角才能把它们包容进来，有时候又需要通过透视压缩把不同的景物叠加在一起。这时候，广角镜头和长焦镜头在组织摄影元素方面有迥然不同的功能，往往不能互相替代。实际运用中，长焦镜头可以把很多原本分离的景物通过透视压缩而组织到一起。而广角镜头的运用难度往往更大，尤其视角大于24mm的镜头。由于包含的信息过多，照片的主题在组织过程中容易出现各种各样的问题，比如景物过多喧宾夺主、组织无序画面杂乱等。广角镜头本身的透视畸变也经常难以控制而产生副作用。

▲ 广角镜头

长焦镜头的特点：

1. 能远离被摄体获得较大的影象，拍摄成近摄效果的画面（能把远处的景物拉近）；
2. 景深短，有利于拍摄虚实结合的影象，使画面简洁，主体突出；
3. 视角小，透视关系较弱，纵深景物近大远小的比例缩小，前后景物距离压缩，空间感削弱，构图显得较为紧凑。

焦距400mm 光圈F6.3 快门速度1/80s 感光度100

傍晚站在呼伦贝尔大草原的山坡上，看到草原深处狼烟泛起、牧民赶着群马踏上归程，使用长焦镜头摄取了骏马奔腾的场面。长焦镜头的透视效果有效地拉近了马群和远处山坡的距离

广角镜头的特点:

1. 能增加摄影画面的空间纵深感。

2. 景深较大，能保证被摄主体的前后景物在画面上均可清晰再现。

3. 镜头涵盖面积大，拍摄的景物范围宽广。

如果广角镜头也满足不了现场拍摄的需要，可以考虑使用宽幅相机来拍摄，或普通相机采用接片的方法，目前接片软件的成熟方便了数码相机的接片拍摄和制作。

▼ 焦距19mm　光圈F16　快门速度2.5s　感光度100
在呼伦贝尔大草原的同一高坡上，使用广角镜头更宽泛地摄取了盛夏时节无际草原上逶迤如带的河流，九曲十八湾的河流成为浩瀚草原上最美丽的一道风景

▼ 焦距40mm　光圈F11　快门速度1/3s　感光度50
这张司马台晨曦的照片就是竖拍13张的接片。这样可大大拓展镜头的使用范围，将壮美的长城与错落有序的叠叠山峦尽收眼底，洒满霞光的望京楼，愈发庄严神圣，傲视群峦

2.1.3 UV镜

UV镜可以过滤掉阳光中的紫外线，所以又称紫外线滤光镜。UV镜的这个功能可以有效提高远处景物的清晰度。虽然现在数码相机的核心成像部件不再像胶片那样对紫外线过于敏感，但在野外环境中拍摄，UV镜可以对相机镜头起到机械保护作用，避免磕碰、划伤镜片，还可以防止海滨带盐雾的海风腐蚀镜片。

2.1.4 偏振镜

偏振镜又叫偏光镜，在阳光下，偏光镜几乎是风光摄影的必备工具。它可以消除空气中的漫反射光而提高空气的通透度，使蓝天更蓝，也可以部分消除物体表面那种令人讨厌的反光（水面反光等），去除物体表面反射高光形成的光斑，改善色彩饱和度。

2.1.5 渐变镜

渐变滤镜有一半区域是完全透光的，而另一半区域则是中性灰或是蓝、绿、橙等颜色。两半区域之间的颜色是由浅人深均匀过渡的。风光摄影中用得最多的是中性密度渐变镜，这种镜片只减少光线的进入量而不改变其颜色。

中性密度渐变镜在风光摄影中可以降低整个景色的反差，增加色彩饱和度，丰富亮部或者阴影部位的细节。通常情况下，风光照片中天空部位过于明亮时就需要用滤镜中的深色部位来压暗。

在户外拍摄时，天空与地面的光比很多时候都是相差很大的。由于相机感光组件的宽容度有限，这种情况下就不能拍到天空、地面都同时曝光准确的照片。要天空曝光准确，地面就会曝光不足而变成一片瘀黑；要地面曝光准确，又会使天空曝光过度而变成死白一片。尤其是在多云、日出日落等时候，这个光差问题便更加严重。这种环境下，如果加上灰渐变减光滤镜，将减光的一边向上，天空的光度便会减低，而地面的光度则没有影响，天空与地面的光差得以减低，令照片中天空与地面的层次都能够完全重现。

除了灰渐变减光滤镜之外，大家拍摄风景时还可以加上其他有颜色的渐变滤镜以改变天空的色彩，增强照片的气氛。渐变蓝是另一种较常用的渐变滤镜，在雾气较大、天色不佳的日子，灰白的天空实在是大煞风景。这时大家可以加上渐变蓝滤镜，将天空恢复诱人的蓝色，加强蓝天白云的效果之余，又不会影响地面的色调。如果拍摄日出、日落的话，渐变橙色是相当有用的滤镜，可以令日落时的单色调效果更为强烈，有时甚至可以将两种颜色的滤镜同时使用，在照片的上、下半部表现不同的色彩，令照片的画意更加突出。

2.1.6 减光镜

减光镜的作用主要是减少进光量。有时由于外界光线强度的关系，我们无法得到足够长的曝光时间，也就无法实现自己的摄影意图，比如在野外拍摄水流的时候，降低快门速度能让水流呈现出棉絮状的柔软质感。

在晴天下我们常常利用慢速快门来拍摄流水，使之呈现出一种丝状柔顺的效果。但在实际拍摄环境中，有时快门速度无法降低到合适的数值。比如，在光线充足的晴天要想实现慢速快门，一般通过降低相机感光度和缩小光圈的方法，以至于往往会使用F22甚至更小的光圈。但是，这样做也有其局限性。有时候甚至已经使用了镜头的最小光圈和最低感光度，但还是无法使快门速度降低到可以拍摄出丝状流水的状态。或者快门速度能够降低到合适的状态，但在镜头的最小光圈下，镜头的成像质量会严重下降，分辨率降低、反差降低等，拍摄出来的画面质量也严重下降。使用减光镜则可在同等光线条件下扩大快门速度的调节范围。

2.1.7 三脚架

风光摄影为了追求大的景深范围，光圈往往需要收到F11甚至更小，在光线弱时达到正常曝光的快门速度会较低，特别是对于中长焦镜头而言，慢速曝光如果没有三脚架作支撑，很难保证拍摄的清晰度。

即便是在阳光充足的光线条件下，拍摄现场的种种状况，也会使你手持相机的稳定度大打折扣：比如变幻不定的山风，爬山行走后气喘嘘嘘的拍摄者，都会让你感觉到三脚架的重要性。

拍摄高质量的风光摄影图片一定离不开三脚架的帮助，手持拍摄的照片在相机屏幕回放时也许感觉还可以，但放大到100%时，就会感到明显的差距。所以，拍风光照片时宁愿少带支镜头，也要带上三脚架。

2.1.8 快门线

不要忽略小小的快门线，它对减小相机震动有时能起到非常大的作用。

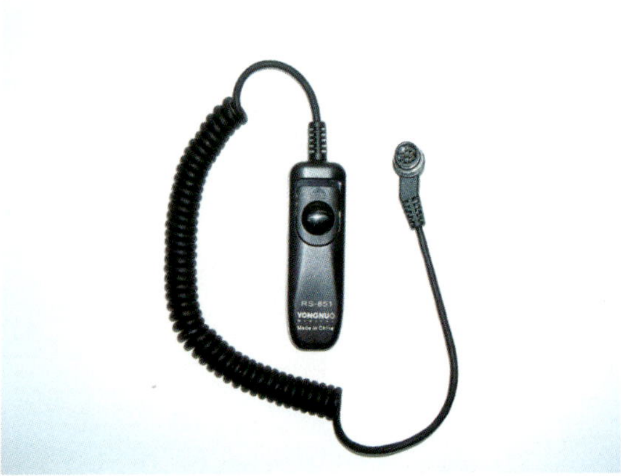

2.2 风光摄影的构图

构图是摄影的灵魂。摄影构图就是在摄影创作过程中，如何在取景器这个小小的空间里，合理搭配安排诸多构图元素的位置，以赋予作品生命力，从而创造出最佳的视觉效果。风光摄影构图一定要讲究和谐统一、关系平衡。

2.2.1 了解黄金分割、三分法、九宫格与井字型构图

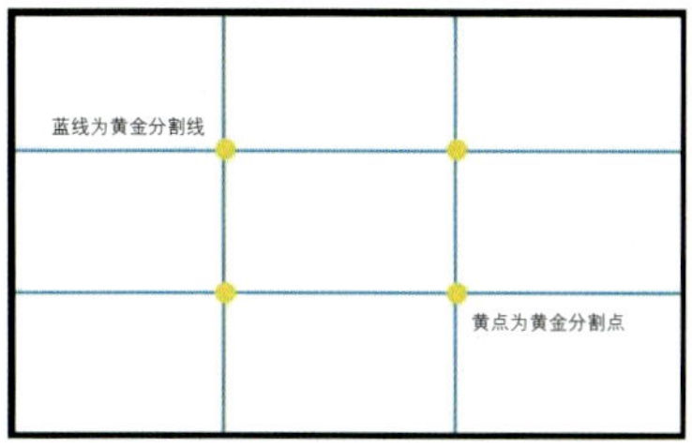

有关黄金分割、三分法、九宫格与井字型构图，如果要深究其中的来龙去脉，会有很复杂的公式和数字，但对于摄影构图来说，我们并不需要了解小数点后面那无穷无尽的数字，简单地说，黄金分割比值约为1.618:1或1:0.618，而三分法、九宫格与井字型构图都是一种简化的黄金分割比值。就是横向和纵向以线条均等分成3份，会产生4条相互交叉的线条，这4条线交汇的4个点是人们视觉最和谐的地方，称为黄金分割点，也就是常说的“趣味中心”，所以当主体落在这4个点上时，会更容易吸引人们的注意力，并且视觉效果上更美观，让人感觉更舒服，如右图。

◀ 焦距19mm 光圈F9 快门速度1/20s 感光度100
拍摄于北京的箭扣长城。薄雾轻烟在连绵起伏的远山中飘渺，千山万壑尽染色彩斑斓的秋色，以屹立在崇山峻岭之巅的万里长城置于黄金分割线四个交汇点的其中一点上，很容易吸引人们的“眼球”

◀ 焦距19mm 光圈F18 快门速度1/8s 感光度50
拍摄于河北涞源白石山。茫茫云海淹没郁树覆盖的群山，一块矗立在山巅的岩石，恰好处在人的视觉中心点上，十分醒目

2.2.2 水平线构图

利用水平线构图能让画面具有平静、安宁、舒适、稳定等特点。常用于表现平静如镜的湖面、微波荡漾的水面、一望无际的平川、广阔平坦的原野、辽廓无垠的草原等。水平线构图大多采用横拍方式，这样易于表现宏阔、宽敞的大场面。并且一定要保证水平线水平，不然容易造成不稳定的感觉。

▲ 焦距80mm　光圈F16　快门速度1/25s　感光度50

拍摄于冬季河北山海关海边。清晨一轮红日喷薄而出，万里海空洒满金光。远处海平面小小的渔船，明晰的桅杆，孤帆远影，安静地停泊在海面；岸边漂浮的冰海，裸露的岩石，这一切都给人宁静的感觉。毫无遮挡的辽阔大海，流云浮动光影迷离的天空，体现了海天一线的壮观，强调画面辽阔宁静的气氛

▲ 焦距80mm　光圈F16　快门速度1/25s　感光度50

航拍于黑龙江北大荒。天空流云飞舞，原野广阔无垠，一望无际。地平线与天空分野清晰，彰显了北大荒连天麦浪、遍地粮仓的豪放风姿

2.2.3 对角线构图

在对角线构图中，线条所形成的对角关系，使画面产生了极强的律动感，表现出纵深的效果。其透视效果也会使拍摄对象变成了斜线，引导人们的视线到画面深处。对角线构图富于动感，显得活泼，容易产生线条的汇聚趋势，吸引人的视线，达到突出主体的效果。

▶ 焦距70mm　光圈F5　快门速度1/800s　感光度100

拍摄于国庆60周年盛大的阅兵典礼中的空军飞行表演。战鹰拖着缤纷的彩带划过一碧如洗的蓝天，通过彩带产生线条的汇聚趋势，吸引人的视线，达到鹰击长空、剑啸苍穹的突出效果。充分表现了蓝天骄子们携雷霆之势，展空中雄姿的磅礴气势

▲ 焦距115mm　光圈F8　快门速度1/50s　感光度100

拍摄于河北怀来大营盘长城。长城像一条巨龙，蜿蜒盘旋在崇山峻岭之巅。顺着长城蜿蜒向上的城墙，一座孤城绝塞似的烽火台，诠释着长城阅尽沧桑的悲壮感

2.2.4 曲线构图

曲线构图所包含的曲线为规则曲线和不规则曲线。画面上的景物呈曲线的构图形式，具有延长、变化的特点，能产生优美、雅致、协调、柔和的韵律感。当需要采用曲线形式表现被摄体时，应首先想到使用S型构图。这种构图方法常用于河流、溪水、曲径、小路等。曲线构图运用时，一定要特别注意曲线总体轴线的方向。

◀焦距200mm　光圈F18　快门速度1/60s　感光度100

这张照片拍摄于内蒙古和辽宁交界处的大青沟的小青湖，主要体现晨曦洒满大地时沙滩蜿蜒灵动的曲线。沙滩优美的波状线条曲线，与碧波荡漾的湖水为伴，是动与静的完美结合。用沙滩的自然曲线，突出画面的纵深感和动感，使画面结构更加丰富更富有艺术性

◀焦距390mm　光圈F10　快门速度1/100s　感光度100

拍摄于福建霞浦。海边劳作渔民长长的影子与清澈的海水、蜿蜒平缓的沙滩组成了很宁静的画面。沙滩天然形成的与海水人为“造设”的S型曲线，很有韵律感

2.2.5 三角形构图

所谓三角形构图，是指把画面中主体组合成几何学上的三角形，或者影像本身形成三角形的状态，比如以三个被摄景物构成画面的三角形整体，或以三点成一面的几何形成安排景物的位置。由于三角形的三条边是由不同方向的直线合拢而成，产生不同的趋势和变化，比较灵动变化，同时给人以稳定感。这种三角形可以是正三角、也可以是斜三角或倒三角。其中，斜三角形因构图灵活较为常用；正三角形构图能够营造出画面整体的安定均衡感，给人力量强大、无法撼动的印象；倒三角构图则给人一种不稳定性所产生的紧张感；不规则三角形构图，则能给人一种灵活性和跃动感。

▶ 焦距40mm　光圈F4　快门速度1/200s　感光度200

拍摄于巴丹吉林沙漠。利用沙漠自然形成的三角形态，表现出原本变幻莫测的沙丘暂短的沉稳安定感。沙山上扬起的风沙，让沙山充满了变数

▶ 焦距180mm　光圈F7.1　快门速度1/250s　感光度100

拍摄于呼伦贝尔大草原。太阳崇拜曾经是许多先民的图腾，太阳是摄影与文学艺术作品永恒的题材，日出日落也是人们永远欣赏的美景。利用正三角构图框架的剪影，太阳的辉煌，体现了我们“万物生长靠太阳”的理念，寄托了人们对太阳的崇拜

2.2.6 框架式构图

用景物的框架做前景，能增加画面的纵向对比和装饰效果，使照片产生深度感。构图的方法就是寻找适合拍摄的物体作为框架，比如一棵树或一扇拱门。选择框架式前景能把观众的视线引向框架内的景物，突出主体。将主体影像包围起来，形成一种框架可营造一种神秘气氛，就好像一个人从藏匿处偷偷窥视某个地方。框架式构图有助于将主体影像与风景融为一体，赋予照片更大的视觉冲击。

◀ 焦距40mm　光圈F22　快门速度1/3s　感光度100

拍摄于河北喜峰口长城。透过一面历经沧桑的残破城墙，展现在人们眼前的是一幅“渔舟唱晚”的优美画面

◀ 焦距29mm　光圈F22　快门速度1/1.7s　感光度100

拍摄于山西左云县八台子。一棵歪斜弯曲的树木形成的弧形框架，突出了夕阳下满目疮痍的的天主教堂与历尽沧桑残破的长城。作框的弯树与天空融为一体，使画面更加饱满生动

2.2.7 汇聚线构图

汇聚线构图就是画面中的所有线条向中心会聚而来，形成一种交集状，将观众的视线引到会聚的中心点上。这种构图除了要反映深向远方的线条外，还要把被摄主体景物安排在汇聚点的位置上，不要形成汇聚无主的局面。汇聚线可以是实实在在的实体线，也可以是一种视觉抽象线。汇聚线在画面上能强烈地表现出画面的空间感，在画面中汇聚线越急剧，透视的纵深感也就越强烈。广角镜头产生近大远小的透视效果明显，此时通过选取适当的拍摄角度，可以实现更强烈的透视效果。

▶ 焦距24mm　光圈F3.5　快门速度1/1000s　感光度100

照片拍摄于内蒙古额济纳旗通往黑城的路上，利用大漠戈壁来往车辆压出的车辙所产生的汇聚线，突出地表现出画面的空间感。摄影师使用广角镜头利用近大远小的视觉效果，一骑绝尘的汽车仿佛从天际驶入，从而起到一定的视觉引导作用

▶ 焦距40mm　光圈F9　快门速度1/2s　感光度320

拍摄于内蒙古满洲里鹰山教堂。暮色中一条笔直的大路将人们的视线引向宛如远在天际的教堂，将整个教堂即有神圣之势、又有神秘之色的特质体现得淋漓尽致

2.2.8 对称构图

对称式构图具有平衡、稳定、对称呼应的特点，常用于表现具有对称结构的物体、建筑、特殊风景等。采用对称式构图方法拍摄的图片，被摄对象结构规规矩矩、平平稳稳，图片的色调、影调和谐统一，画面双双对对，端庄严谨，具有图案美丽、趣味性强的特点。缺点是呆板、缺少变化。

▲ 焦距20mm 光圈F18 快门速度1/8s 感光度320

拍摄于北京颐和园十七孔桥。颐和园的十七孔桥，有多个机位的拍摄角度，可以全方位展示十七孔桥的婀娜多姿、浑然天成的秀美。利用对称式构图法拍摄，借助夕阳下泛红的光效映衬，则更好地体现了十七孔桥绚丽恢宏、气势磅礴的皇家气派

▲ 焦距21mm 光圈F 22 快门速度1/3s 感光度50

照片拍摄于北京故宫角楼。以角楼作为拍摄主体，运用对称式构图平衡、稳定、相呼应的特点，体现了皇家园林严谨、稳定的特点。而画面中灵动的水与飞舞的云，则极大的消弱了对称式构图缺少变化的弱点

2.2.9 打破常规的风光构图

在常规和经典的摄影构图技巧中，经常会用到的有对角线、井字格、三角形、S型、画框式、三分法、黄金分割比例等构图方法。

然而摄影构图的最终目的不是为画面而画面，而是为了最好地表达片子的主题思想与意境。在风光摄影创作中，我们经常需要突破以上提到的拍摄画面的常规布局方法。主动采用打破常规的构图，这样往往会使平常的景物呈现出独特的画面感，使观者获得更多的新鲜感，同时也才能使自己的摄影作品充满新意、与众不同。

合适的前景

在拍摄辽远广阔的风景时，摄影师可以考虑以一定的物体，比如植物、岩石、带纹理的地面、人物等作为前景。前景可以展现当时场景的空间感，为近景、中景和远景组成的纵深画面注入更多的细节。更有意义的是，通过近处景物和远处景物形成的视线推进序列，不仅增加了细节内容，也使整幅画面产生了立体感，给人身临其境的感受。

▶ 焦距 24mm　光圈F10　快门速度1/60s　感光度200

这幅拍摄于贵州乌江峡谷的作品，摄影师利用广角镜头以较小的光圈进行拍摄，采用竖画幅和远近法构图，以翠绿而茂盛的青草和灌木作为前景、夕照下的江面为中景、层叠的远山为远景，展现了乌江峡谷深远的空间感和立体感，同时也因为前景的存在，使整幅画面具备了丰富的色彩对比和细腻的质感

夸张表现

在很多时候，摄影师要用发现的眼光来组织人们熟视无睹的普通拍摄题材，有意识地组合、配置画面内容，利用前后的空间关系、线条走向、物体轮廓、明暗对比等元素，夸张地表现某些景物与意境，从而颠覆人们的视觉经验，提供超常规的想象力，戏剧性地表达摄影师的想法与观念。

▶ 焦距62mm　光圈F16　快门速度1/320s　感光度 200

这幅拍摄于北京中华民族园的《传统与现代》，被很多欣赏者认为是通过后期PS拼贴在一起的画面，其实不然，作者以独到的眼光从中华民族园藏族村落区域拍摄了奥运会的主场馆“鸟巢”。在这个特定角度，因为镜头压缩空间感的效果，前景的藏族民居和经幡旗杆与远处的“鸟巢”形成了一幅有意思的画面：被阳光照亮的古老藏式建筑与处于阴云下的现代钢结构“鸟巢”，营造了强烈的对比、视觉冲击力和时空交错感，一语双关地点明了“传统与现代”的主题与意境。这是一幅风光摄影里，打破常规构图、独具匠心的成功作品，值得大家好好思考和借鉴：如何在平常的生活和景物里发现独特的美

打破常规

有的时候，根据景物的实际情况与创作需要，摄影师也可以突破常规的“井字格、三分法、黄金分割比例”等构图方法，采用二分法对称式构图，不一定是单纯的画面内容实际对称，可以是用画面形态上的对称关系来组织画面。还可以利用同一元素在摄影作品中有秩序的重复出现，产生节奏感和韵律感，引导观者的视线推移、过渡和视觉兴趣点，来营造印象深刻、刺激视觉的画面。

◀ 焦距28mm　光圈F6.3　快门速度1/125s　感光度200

这幅拍摄于河西走廊高速公路上的作品，面对绚丽的落日和低沉的云霞，作者有意采用了二分法上下对称形态的构图，均衡地表现了美丽的天空和富于韵律美的高速路。利用有规律的隔离栏板和地面的标志线，有意识地把人的视线一直引导到天边的落日处，是一幅具备形式美和表现张力的作品

▲焦距 32mm　光圈F4　快门速度1/80s　感光度200

这幅拍摄于上海闹市区高架桥下的作品也采用了突破常规的构图，当时正值下班高峰期，夕阳的斜射光打亮了立交桥体。作者运用广角镜头适度变形扩张的特点，夸张地表现了画面上方立交桥的放射线、金属反光与压迫感；前景拥挤的车流、红色的车灯，从高架桥的夹缝露出的高楼和天空，这些元素层层重叠在一起，有力地表达了作者的创作意图，让人深切地感受到钢筋水泥丛林里，现代大都市的喧闹、拥挤、压抑与紧张氛围

2.3 风光摄影的用光

拍摄风光摄影作品，是以太阳光作为主要光源。所以，风光摄影的用光，更多的是研究如何利用好太阳这个光源。太阳光随着时间、季节、地理位置和环境的不同而呈现出各种变化，如何在这变化中寻找到一些规律，合理利用不同的光线来拍摄各种不同效果的风光摄影作品，是我们需要练习和掌握的。以下我们将太阳光分成几个不同的类别，分别讲述不同光线的特点。

2.3.1 散射光

散射光一般是指在阴天等太阳光线被薄云层遮挡时所散发的光线。在阴天的时候，阳光被空中的云彩遮挡后在云层中被反射、折射和吸收，最后透过云层的光已成为散射的光线。在散射光条件下，由于地面的景物不再直接接受阳光的照射，而只是为天空所反射的光线照明，它所产生的光线效果不再有明显的反方向性。在这种情况下，天空即成为唯一大而均匀的散射光源，从不同方向上给被摄体均匀的照明。被摄景物依靠天空反射的散射光线作为照明，这样就不会形成明显的受光面和阴影面，也没有明显的投影，光线效果比较平淡柔和，被摄体反差较小。这种散射光也可称为软光，可以说是让被摄体的色彩得到真实表现的理想的照明光线。

▲ 焦距30mm　光圈F11　快门速度1.3s　感光度50

照片拍摄于河北赤城县独石口正虎沟长城。阴天时残破的长城，满目秋色的山川以及空中飘过的乌云，在阴天的散射光均匀照射下影调平淡，色彩柔和鲜明，更好地体现秋季苍凉的长城

▶ 焦距40mm　光圈F4　快门速度1/400s　感光度400

照片拍摄于内蒙古的中国最美的巴丹吉林沙漠。沙漠通常给人们的感觉是狂风四起，烈日炎炎。阴天缺少了阳光明媚时的光影效果，在这种光线下拍摄，沙漠没有明暗的线条界线，也不会产生阴影，表现出沙漠平淡的影像和阴沉的气氛。散射光照凸显荒芜大漠的宁静，而疾驶的汽车，若隐若现的车辙，打破沉寂的画面

2.3.2 逆　光

在风光摄影中，逆光摄影是一种非常重要的拍摄手段，具有很强的表现力和感染力，平时一定要多加练习，如果我们能将逆光摄影的手段运用得当，能使画面产生新颖独特的艺术效果。

逆光一般有正逆光和侧逆光两种：即从被摄体的背面照射过来的光和从后侧面射向被摄体的光。因为明暗的光比大，反差强烈，所以要求摄影师熟悉摄影器材性能、具备丰富的测光经验。拍摄时要注意：应该多利用相机的点测光模式，在拍摄时选择不同的测光点多做尝试，同一景致可以产生不同明暗和细节的画面效果，再利用相机的曝光锁定键重新构图，针对相应的场景和摄影师要达到的艺术效果，拍摄出轮廓光、透射光、闪烁光以及剪影等效果的画面。

▲ 焦距 80mm　光圈 F5　快门速度1/50s　感光度200

这幅逆光下的狗尾草，有力地证明了上述理论的正确性和逆光摄影的魅力，平时普普通通，无人关注的野草，在阳光下是那么地摇曳生姿、晶莹剔透，摄影师用逆光摄影的技巧展现了我们身边无处不在的美。拍摄时用光圈优先、点测光模式对狗尾草的轮廓处测光后拍摄

逆光增强艺术效果

逆光摄影能够表现平常光照下平淡无味事物的别样美感，尤其是逆光照射下的植物、花卉、农作物、人物等，可以展现出动人的轮廓、细节、质感与光韵。同时因为被光打亮的主体与暗调的背景物对比强烈，色彩明度和饱合度的反差加大，可以呈现更加戏剧性的艺术效果。

◀ 焦距20mm　光圈F8　快门速度1/125s　感光度 200

这幅拍摄于内蒙古额济纳旗的作品《芦苇秋风图》，如一幅油画，给人强烈的现场感、视觉的冲击力和超出画面本身的悠远意境。作者运用定焦广角镜头的优秀成像能力，加上合适的光圈与速度，使秋风吹拂的感觉和夕阳光照里如丝丝金线般的芦苇枝叶凸现于画面之中。因为逆光摄影带来的艺术感染力，作者从小景着手，却表现了大自然的广博之美

▶ 焦距28mm　光圈F4.5　快门速度1/1000s　感光度200

优美逆光的典型案例。这幅拍摄于夏季西藏的作品《青稞熟了》，因为摄影师对傍晚时分逆光的娴熟运用，使普通的青稞田熠熠生辉。整个画面由近及远地推进，光线明暗交替、色彩冷暖交融，形成了很美的空间纵深感，金色的青稞、中远景的远山和云霞给人丰收的希望和莫大的审美享受

逆光勾勒轮廓线

逆光摄影能够生动地勾勒出物体的外形轮廓，强化主题，特别是在拍摄日出日落等场景的时候，通过摄影师对画面内容的前后搭配、排列组合，有利于表现有趣味、象征性和神秘感的创作意图，同时强烈的明暗对比可以增强画面氛围对观者的感染力。

▲ 焦距 52mm　光圈 F6.3　快门速度1/100s　感光度 200

这幅落日时分拍摄于新疆哈密魔鬼城的作品，对夕阳旁边的云彩处点测光，采用了逆光下表现主体轮廓的光影造型手段，舍弃了过多的景物细节，反而更加强化主题增强艺术效果。前景如巨龟的奇特山崖，映衬着红色的天空背景，如“神龟衔日”般探向天边的红日，生动地展现了雅丹地貌的独特性和神秘感

2.3.3 侧逆光

来自相机的左前方或右前方的光线叫做“侧逆光”。它令拍摄对象产生小部分受光面和大部分的阴影面。

侧逆光最能表现景物的质感、层次影调和深远度，同时又能勾画出清晰的轮廓线，使前后景物层次分明，又善于表达空间和气氛。侧逆光照射景物，景物中被光线照射的部分，会产生一种光亮的轮廓，使主体与背景之间有一个明显的光的界线，从而使主体与背景之间截然分开，这就是侧逆光、逆光所具有的特点，因此拍摄风光照片时会大量运用侧逆光。

早晨或傍晚时候在侧逆光下拍摄，由于空气中介质状况的不同，使色彩构成发生了远近不同的变化，前景暗背景亮，前景色彩饱和度高，背景色彩饱和度低。从而造成整个画面由远及近，色彩由淡而浓，由亮而暗，形成了微妙的空间纵深感。

从光效看，侧逆光、逆光对不透明物体产生轮廓光；对透明或半透明物体产生透射光；对液体或水面产生闪烁光。如果我们能将侧逆光运用得当，对增强摄影创作的艺术效果无疑是很有价值的。一般阳光较强时拍摄侧逆光照片，由于天空和景物之间的光比较大，很难兼顾相互之间的曝光，而且也容易产生眩光。应尽可能避免把天空摄入画面中，以保证被摄景物的正确曝光。

◀ 焦距125mm 光圈F20 快门速度1/13s 感光度100
冬季零下30℃时阿尔山的不冻河热气腾腾，大雪落在河边火山岩上，形成一个个“雪馒头”。利用侧逆光拍摄的“雪馒头”，表面呈现出明显的光亮轮廓与阴影效果。侧逆光既能勾勒出被摄体——“雪馒头”的轮廓线，使画面的明暗对比加强，同时又增强了画面的立体感，是摄影用光时较为常用的理想光线之一

◀ 焦距108mm 光圈F8 快门速度1/50s 感光度100
拍摄于云南东川红土地。起伏连绵平缓的山丘，幼苗耕种的纹理、梯田优美婉约的曲线，在晨光下变幻莫测，红色、深绿、浅绿、白色、黄色，起伏连绵平缓的山丘，或清幽或浓郁形成了微妙的空间纵深感

2.3.4 顺　光

顺光就是顺着镜头的方向直接照射到被摄主体上的光线。如果光源与相机处在相同的高度，那么，面向相机镜头的部分全部能接受到光线，被摄体表面尽管可能凹凸不平，因受光情形完全相同的原因，阴影不易显现，因而会造成物体的质感和立体感贫乏。使用这样的光线拍摄出来的影像，主体对比度会降低，像平面图一样缺乏立体感。在这样的光线下拍摄，其效果往往并不理想，对主体的描写也趋于平淡。

▲ 焦距25mm　光圈F5.6　快门速度1/320s　感光度100

这张照片处于顺光状态，我们知道摄影是光影的艺术，在这幅作品中我们完全看不到阴影的存在，从画面中我们很明显看出顺光的缺点，那就是在顺光的照射下，被摄物体缺乏立体感，画面趋于平淡

2.3.5 侧　光

侧光就是光线从相机的左边或右边侧面射向被摄体。由于光线斜照景物，景物自然会产生阴影，显现明暗的线条，使景物有立体的感觉。侧顺光是多数摄影人最喜欢利用的光线照射角度。因为侧光可以突出三维物体的形态，增强立体感。侧光有利于表现物体的质感，强调光影效果。如果来自侧面的光线较强，物体的棱角也会显得更加鲜明，影像也会产生非常锐利的感觉。侧光是几种基本光线中最能表现层次、线条的光线，也是最适宜拍摄风光照片的采光。

▶ 焦距125mm　光圈F2.8　快门速度1/2000s　感光度250

照片拍摄于内蒙古阿拉善右旗的海森楚鲁怪石城。"海森楚鲁"为蒙语音译，意为像锅一样的石头。在海森楚鲁怪石城方圆几十里范围内，漫山遍野都是风蚀地貌形成的奇石怪岩。侧光的运用让怪石造型影调明朗，立体感更为显著

2.3.6 顶 光

太阳光线从天空正上方投射下来，就是顶光，也称高光。高光是一天中阳光最强烈的时候，因此，光线强烈，阴影较深。高光除了能表现由上到下的阴暗层次外，并不容易表现出物体的质感，这种光线不是拍摄风光的理想光线，一般来说，要尽量避免。

▲ 焦距200mm 光圈F4.5 快门速度1/500s 感光度100
拍摄于内蒙古锡林郭勒草原。中午顶光垂直照射的草原上，起伏连绵、百花盛开的草甸缺少了立体感。一匹奔驰而来的骏马，为画面增添了活力

2.3.7 反射光

反射光是间接的光线，比直射光更柔和，但它只能对景物中物体的阴暗部分起反射作用，因为反射范围是有限度的，所以它除了能辅助照射物体本身阴暗部分外是起不了很大作用的。反光在摄影中的应用，最常见的就是水面或是雪地上的反光。当画面中有天空或是阳光照亮的景物时，反光可以为前景带来更多的层次。

◀ 焦距21mm 光圈F5.3 快门速度1/60s 感光度100
利用静若镜面的水面自然形成的间接光线，使冰坨的几面都有光感，更好地表现了冰坨细腻的纹理与晶莹剔透的质感

2.4 风光摄影的影调

在风光摄影作品中，根据画面基调的浓淡、明暗、深浅等，我们将作品分为高调、中间调、低调三种不同的影调。不同的环境和气氛，可以采用不同的影调来表现，最终给观者呈现的也会是完全不一样的感受。

2.4.1 高 调

我们通常把影调浅淡的画面，称之为高调照片。高调照片中影调绝大部分为浅色，是由从浅灰到白的少数几个等级色调构成的画面。一般比较明快简洁，适宜表现以白色为基调的题材。高调照片虽以等级偏高的淡色调为主，但为了画面有丰富的层次，也许可小块深色暗调存在。由于大面积淡色调的衬托，小部分的深色暗调显得更突出，能起到画龙点睛的作用。在自然风光摄影中，经常采用高调手法展现清秀空灵、辽阔浩远的秀丽美景。

▲ 焦距33mm　光圈F22　快门速度1/3s　感光度50

拍摄于北京怀柔箭扣长城。悠悠飘满大地的飞雪，玉树琼枝，使天地溶成了白色的一体，高调下的琼楼玉宇般的箭扣长城如梦如幻

▼ 焦距28mm　光圈F20　快门速度1/160s　感光度100

拍摄于江西三清山石猴观海。 雨后初晴，茫茫苍苍的云海，诸峰匿迹。微风徐来，石猴踏云破雾而出，高调地静观云海千般变幻与万般妩媚

2.4.2 低 调

通常把影调浓重的照片，称之为低调照片。低调照片中的影调绝大部分为深色，整个画面的色调比较浓重深沉。一般适宜表现以深色为基调的题材，以营造一种庄严、凝重、静穆的氛围，反映沧桑、沉稳的特性。低调照片虽大部分是深暗影调，也不排斥小面积的白色亮调。由于大面积暗调的衬托，小块的白色格外明显，形成视觉中心，整个画面生动跳跃。

在自然风光拍摄中，获得低调效果的照片常常在特殊天气或时段，比如，阴云密布、乌云翻滚下的景物，呈现的就是悲壮、大气、沉重的低调意境。在早晨或傍晚，来自低矮角度的阳光具有明显的方向性，光的投影长，阴影面积大，能把各个景物投影平面分开，突出画面中的某些重要方面，从而呈现立体的、影调深沉的景物照片，这些时段可以充分利用起来拍摄低调照片。还有，借助夜晚灯光拍摄。与白昼不同，夜晚除了微弱的月光和灯光、焰火等外，大面积地面呈现黑暗。借助三脚架和快门线采用长时间曝光，能拍摄到低调效果的夜景照片。

▼ 焦距280mm　光圈F8　快门速度1/30s　感光度100

照片拍摄于冬季木兰围场坝上。夕阳斜照，一缕暖暖的阳光打在白雪皑皑的山坡上，一丛小树沐浴其中。山坡自然形成的大面积的阴影与一缕夕照产生明暗对比，得到很好的画面效果

▲焦距70mm　光圈F11　快门速度1/100s　感光度100

拍摄于九寨沟藏寨。山坡及树木由于来自侧逆方向阳光照射角度不同而形成明显的界限，使画面的明暗对比加强，大面积低沉的色调使高高飘扬的五星红旗更为夺目，五彩的经幡更加艳丽

▲焦距25mm　光圈F18　快门速度1s　感光度100

拍摄于北京箭扣长城。翻滚的乌云遮挡了夕阳的余晖，使影调深沉的崇山峻岭凸显了万里长城悲壮、大气的意境

2.4.3 中间调

中间调是相对高调和低调而言的，中间调其画面上影调明暗反差正常分布均匀，影像层次丰富 。中间调有两指：其一指明暗关系，既不是亮调，也不是暗调；其二指反差关系，介于软调和硬调中间，画面中黑、白两部分比例分布均衡的作品。中间调画面对表现被摄体的立体感、质感和色彩都是非常适宜的。 中间调的图片适于表现的内容和题材比较宽泛，易给观者真实、亲切的感觉，是摄影作品中最常用的影调形式。

◀ 焦距19mm 光圈F10 快门速度1/2.5s 感光度50

拍摄于河北张北桦木沟野狐岭。傍晚柔和的夕阳洒满层峦叠嶂的山川，美丽的光影让起伏的山川优美和缓，形成一幅美轮美奂的画面

▲ 焦距19mm 光圈F11 快门速度1/4s 感光度50

拍摄于北京首钢。柔和均衡的光线更好地展现老首钢厂区磅礴与宏大的气势

2.4.4 暖色调

暖色调是以红、橙、黄等温暖的色彩为主要倾向的画面。红、橙、黄等颜色能使人感到温暖，这属于视觉范畴，但似乎与自然界有一定的关系，如太阳、火焰能给人温暖等。暖色调有助于强化热烈、兴奋、欢快、活泼和激烈等视觉感受。

在某些情况下自然界景物不具备暖色调的明显特征而又要张扬其暖色倾向时，常利用色温来强化这种效果，如日出日落时的阳光色温较低，呈橙红色。

▲ 焦距73mm　光圈F16　快门速度1/5s　感光度50

拍摄于北京沙河水库边的池塘。热气腾腾的水雾在清晨低色温阳光照射下，抹去严冬的寒意，让池塘的冬日显得格外温暖，画面中具有梦幻般的朦胧美

▼ 焦距155mm　光圈F9　快门速度1/10s　感光度100

拍摄于内蒙古克什克腾旗的阿斯哈图石林。清晨当第一抹霞光洒满石林，低色温的阳光更映衬出它的磅礴，尽显大自然的鬼斧神工。由于远景的光弱，更加突显了花岗岩石林的地貌景观

2.4.5 冷色调

冷色调是以各种蓝色（纯蓝、紫蓝、蓝青、青蓝）为主要倾向的画面。冷色调有助于强化恬静、安宁、深沉、神秘、寒冷等效果。冷色调之所以能产生寒冷的感觉，与夜色等自然现象有关。阴天或日出前和日落后半小时的色温都很高，画面呈蓝色调。

▲ 焦距19mm　光圈F9　快门速度15s　感光度50

拍摄于北京司马台长城。初秋清晨的司马台带有丝丝清凉的寒意，日出前的高色温使画面呈淡蓝色，强化了长城安宁神秘、深沉厚重的效果

▲ 焦距35mm　光圈F6.3　快门速度8s　感光度250

拍摄于山西晋北阳高县长城乡。黎明时的月亮还高高挂在天际，高色温造成的蓝色画面，使残雪中的长城更显宁静，具有较强的层次感

03

风光摄影分类技巧

潺潺的溪流
澎湃的瀑布
雄伟的山脉
广袤的草原
壮丽的日出/日落
晶莹的冰雪
奇妙的闪电
曼妙的雾景
平静的湖面
宽广的大海
宁静的乡村
神奇的梯田
魅丽的夜景
节日的焰火
艺术的建筑
险峻的长城
荒芜的沙漠

3.1 潺潺的溪流

溪流是自然山水中最富有诗意的景观——大山深处，或飞流直下、殊瀑平泻，或缓游漫吟、缠绵妩媚，丰采瑰丽，千姿百态。

3.1.1 构　图

选择合适的季节，寻找有特色的溪流，是拍摄一幅好照片的前提。在画幅的选择上，为表现潺潺的溪流的状态，多采用横画幅；为表现落差较大形成的溪瀑，也可采用竖画幅；关于拍摄高度，平拍接近通常的视线，使人产生身临其境的亲切感受，溪瀑的画面在透视上变化大，利于表现层次；俯拍时，可以更多的摄取溪流的平面状态，使错落的溪瀑不宜重叠。

3.1.2 拍摄要点

拍摄溪流更为主要的是画面的虚实处理。如梦如幻、诗意盎然意境的获得，依赖于虚实并举、虚实相生。尽可能选择溪流中固定的岩石，溪旁的小树等做陪衬。在相机快门速度的选择上，若是拍摄水花飞溅的画面，为了显示水珠，可以采用高速快门。为了显示溪流的动势，看起来轻柔飘逸，必须想方设法将快门速度降下来，以较慢的快门速度进行拍摄（具体视流速而定）。实现慢速快门的方式通常有几种方法：

1．缩小光圈，相对延长曝光时间。

2．通过设置选用较低的感光度。

3．使用减光灰镜（质量好的可以多块叠加使用）。为了避免采用慢门速度时容易出现的抖动，务必将相机固定在三脚架上，用快门线开启快门。若无快门线，则可以启用自拍功能。

4．选择光线暗淡的阴雨天或早晚时间拍摄。

5．拍摄溪瀑尽可能使用偏振镜，既可以起到减光降速的作用，又可有效消除水面、岩石不必要的反光。由于溪流和岩石的反差较大，曝光上一般要注意不要让白色的溪流过曝，惨白一片会失去很多水流细节。

焦距17mm　光圈F22　快门速度0.8s　感光度100
拍摄于吉林长白山十六道沟。秋天溪水潺涓，金风飒飒，枫红草黄，0.8秒的快门速度，获得了虚实并举、如梦如幻、诗意盎然的意境

▲ 焦距19mm 光圈F22 快门速度6s 感光度50

拍摄于冬季九寨沟。冬季的九寨沟溪流中结满了冰凌，使用慢速拍摄的效果是：流水如纱、溪瀑如丝、冰凌如花。拍摄要点：使用最小光圈F22，稳定的三脚架，构图上注意动静结合

▲ 焦距35mm 光圈F22 快门速度1/3s 感光度100

慢速快门将水流凝固成柔幔轻纱状，白色的水流与深暗的礁石错落分布，倾斜的构图活跃了画面

3.2 澎湃的瀑布

瀑布是很好的摄影题材，也是不容易拍好的题材。面对形态各异，或高大、或宽阔、或疏朗、或密集的各式的瀑布，最重要的是，摄影师要明白自己想拍摄出瀑布的什么特点，取得什么样的艺术效果。

3.2.1 快门速度

一般情况下高速快门（例如1/125秒以上）可以表现瀑布的汹涌澎湃、湍急奔腾、水花飞溅的惊人气势；慢速快门（例如1/15秒以下）可以表现瀑布的轻柔飘逸、如丝绸般的质感和水面反射的环境光色。拍摄时可以采用快门优先模式，根据需要来设定快门速度，多拍几张试验不同的效果。要注意在环境光照比较强的情况下，需要实现流动水体柔化效果的慢速快门、光圈组合值可能会造成画面曝光过度，这时可以加上中性灰度镜或偏振镜来减低镜头进光量、控制水面的反射光，获得理想的曝光效果。另外，慢速快门拍摄时，相机必须用三脚架固定。

3.2.2 拍摄角度与构图

低角度仰拍、平拍可以表现瀑布的气势和压迫感；高角度俯拍可以表现瀑布、天空云霞的全景和细节。拍摄瀑布时选择不同的构图方式，景色会呈现很大的不同：利用广角镜头将瀑布及其周边的景物一起进行构图，选择临近的参照物或者前景，可以表现瀑布的整体美、尺度感以及风景的地形、地貌特点。利用中长焦镜头构图，让瀑布充满画面的某些范围，可以给人真实的现场感，同时也能表现水体和临近山石、植物的别样局部。不同镜头和构图模式的选用，在拍摄时应该灵活运用，多拍多尝试，不必拘泥与某些定式。

▲ 焦距14mm　光圈F13　快门速度1/30s　感光度200

这幅盛夏时节拍摄于贵州黄果树瀑布的作品，对着蓝天测光，在高处采用稳定的横幅构图拍摄了丰水期瀑布的全景，将蓝天白云和前景的绿叶红花都纳入画面。前景的存在起到了画框和参照物的作用，表现了空间感和瀑布如画般明快的壮美，通过画面，观者似乎能够触摸到轰鸣的瀑布溅起的水雾

3.3 雄伟的山脉

风光摄影中，山脉可能是被拍摄最多的题材。对于摄影师来说，要拍摄出山脉的雄伟、连绵和气势并不是容易的事情。由于山脉地势较高、形状多种多样，如何突破平淡无奇的景致，拍摄出令人难以忘怀的画面，是要付出一番努力的。

一般要攀爬或者开车到高处，站在相当的高度，才能一览众山小，拍摄到崇山峻岭、连绵不绝的高山景色与画面层次。也可以针对不同山脉的地形特点，在开阔的山谷地带或者是山下平原处，利用平拍、仰拍来表现出山脉的压人气势。

摄影师要根据场景和艺术效果来选择横幅构图或者竖幅构图。利用横幅构图可以很好地展现山脉的层峦叠嶂与广阔无垠；利用竖幅构图可以很好地表现山脉的雄奇险峻，同时加强画面的线条延伸与空间纵深感。

要注意尽可能多设置小光圈数值，以保证画面具备足够的景深，才能拍摄出山脉和天空往远处延伸的清晰景致。

▲ 焦距 28mm　光圈F10　快门速度1/160s　感光度200
在新疆天山高处用横幅构图拍摄壮观的群山与云彩，气势磅礴

▶ 焦距19mm　光圈F22　快门速度1/125s　感光度200
在川藏公路用竖幅构图拍摄的险峻的横断山脉与延伸到天边的云彩，很好地表现了河流、青稞田、云层的延伸线条与深远的空间纵深感

▼ 焦距55mm　光圈F8　快门速度1/400s　感光度200
在风起云涌的新疆天山腹地，阳光从云层间洒下来，多个山脉的重叠推远，形成了稳定和富于层次感的画面。摄影师在低洼的山谷中间，用仰拍的手法，表现了山脉的陡峭和刚硬的线条。前景的牧人毡房作为比例参照物，使观赏者从画面中体会到山峰的巨大和雄伟

3.4 广袤的草原

在风光摄影中，像草原这样广阔开敞的场景，要拍摄出令人印象深刻的优美作品是比较难的，因为要避免空旷单调的画面，所以要利用好草原上所有可以利用的元素：山脉、丘陵、草地、树林、河流、牛羊、骏马、天空和云霞等，拍出丰富迷人的画面。

3.4.1 取景与构图

取景时要注意有意识地选择拍摄主体、视觉兴趣点和尺度参照物，利用较小的光圈（大景深）、低角度机位和前景的物体、光影来表现空间的开阔感、纵深感；利用线条和色彩变幻表现草原的独特美；要注意选择地平线在画面的位置，以天空和草原不同的比例多拍摄几张，表达不同的画面美感与意境。

3.4.2 拍摄器材

广角镜头开阔视野的构图与中长焦镜头表达局部的组合构图，都同样重要，不要忘记主动利用一些有趣的细节，比如蜿蜒的河流、车辙、小路、散步的牛羊、牧场的围栏、雨后的水面、野花等，来营造不同的艺术感受。广角镜头、超广角镜头、中长焦镜头、稳固的三脚架、偏振镜等都是拍摄草原必备的器材。

▲ 焦距 80mm　光圈F11　快门速度1/320s　感光度200

在内蒙古的辉腾锡勒草原上，林立的风力发电风车群给人很大的新奇感和视觉冲击力，从脚下延伸到远处的灌木使画面呈现出很强的透视感和纵深感，悠闲吃草的骏马给空旷的画面带来生气。摄影师在这幅作品里，很好地组织了画面里的各种元素和横竖线条，拍摄出了辉腾锡勒草原独特的气质

▲焦距28mm　光圈F7.1　快门速度1/60s　感光度200

这幅拍摄于新疆巴音布鲁克草原的作品，留下了摄影师对牧场黄昏的美好回忆和独特的艺术感受。在运用合适的镜头视野以及光圈速度组合而拍摄的画面里，作者同时特意用闪光灯给前景进行补光，雨后盛开的野花五彩缤纷，如华丽的织锦铺向天边，与远处的群山和霞光融为一体，整个画面都泛着醉人的玫瑰色调，表现了草原黄昏时分光色辉映的美

▲焦距28mm　光圈F18　快门速度1/125s　感光度200

这幅作品拍摄于川藏公路毛垭坝草原，蓝天白云下的草原如巨大的绿毯，繁星般的各式野花绚丽地洒满原野，一直铺到天边的群山脚下。作者运用小光圈保证画面的远景清晰度，同时天空和草原在构图上有着合适的比例划分，整个画面在蓝绿主色基调上又存在丰富的点状色块，给人丰富的美感享受

3.5 壮丽的日出/日落

一般来说，风光摄影的最佳时刻，是在早晨和黄昏时分，这两个时段可以浓缩表现大自然的旖旎迷人和激动人心的一面，所以经常是是摄影师苦苦等候和密集拍摄的时刻。在日出日落前后的一段时间里，天空等环境光色有着高、低色温的不断渐变，云彩等画面内容也有着蓝、紫、红、桔黄、金黄等冷暖交替丰富的色彩变化，另外不可捉摸的气候、季节、天气等在日出、日落前后，也往往会有出人意料的戏剧性的场景出现。这些也是为什么风光摄影师辛辛苦苦、早出晚归还乐此不疲的原因。

3.5.1 器材与测光

在镜头的选择上要根据摄影师的创作需求，如果当时的场景比较丰富，要多运用中长焦镜头把太阳、云彩和其他前中后景进行多样的组合取景，拍出层次感不错的多样化风景；如果想表现炫丽的大场面时，可以用广角、超广角镜头。另外日出日落前后光线亮度较弱，三脚架必须要准备，其他如中灰渐变镜、偏振镜、快门线等器材也最好带上，根据需要使用。

测光时要注意多运用点测光，一般来说对准太阳以上的天空或者周围的云彩进行测光，会得到曝光比较准确的画面效果，还可以利用相机的包围曝光功能多拍摄几张，得到合适的画面。摄影师还可以根据自己的艺术表现意图来选择不同的测光点，得到主题鲜明、重点不同、明暗不同的拍摄效果。只要具备美感和特殊艺术效果的，都是成功的的片子，并不一定要面面俱到地表现所有细节，或者是拍出宏大场景的片子才是好作品，应该主动求新、求变，才能与众不同。

3.5.2 拍摄要点

经验表明，日落时拍出好片子的机会要比日出时高得多，拍摄时间也长一些。所以要做好功课，根据当时的季节、气象、环境条件以及日出日落的时间和方位，提前决定合适的拍摄地点和时间。

拍摄日出日落，要有耐心，并不是一定要太阳出现在空中才能拍出好作品，在日出之前和日落之后的一段时间里，经常会有意料之外、戏剧性的场景出现，光线和色彩也会有密集而多样的变幻。所以要早起一些、晚归一些，多等候一些时间，以免错过绝佳的拍摄机会。

▶ 焦距110mm　光圈 F5.6　快门速度1/160s　感光度200

这张运用中长焦镜头，清晨拍摄于山东威海天鹅湖的壮美日出的作品，有着准确的曝光，太阳本身明亮度适中，同时精细地表现了云层的金边、海面上细腻的亮度变化和色彩层次。前景的礁石和天鹅、中景的渔船和海堤、远景的海平面以及布满红色的天空、朝阳与带状云彩，形成了完美的构图。整幅画面洋溢着火红热烈，生机勃勃的美妙氛围

▲焦距28mm 光圈F5.6 快门速度1/250s 感光度200

这幅日落时分拍摄于新疆伊犁的作品，给观者以外星球一般的神秘感受。光芒强烈的太阳在暗色的天空拉出长长的眩光，好像飞碟降临大地。丰收的田野泛着金光，如厚厚的毡子铺向远方。这是一幅有别于常见落日照片的作品，戏剧性地表现了新疆这片神奇土地的壮美

▲焦距20mm 光圈F9 快门速度1/30s 感光度200

这幅作品拍摄于冬季的内蒙古，雪后的锡林郭勒草原成了茫茫的雪原。因为落日的光线非常强烈，光比过大，作者特意在构图中避开了太阳，以蓝天里迷人的云霞和桔红光色笼罩下的美丽雪原作为表现主题，同样表现了日落的绚丽场景

3.6 晶莹的冰雪

在风光摄影中，冰雪题材的拍摄是许多摄影师钟爱的题材。天寒地冻的条件虽然对摄影师和器材都是严峻的考验，可是瑞雪飘飘、白雪皑皑的冰雪世界自有其晶莹纯净的特点和无与伦比的美丽。

3.6.1 拍摄前的准备

冰雪天外出拍摄，由于野外气温较低，所以需要比平时更充分的准备工作。首先是人的保暖，有效的保暖对于我们在野外进行拍摄起到了至关重要的保障作用。长时间在天寒地冻的野外进行拍摄，头部、脚部和手部非常容易被冻僵冻伤。所以，要特别注意头、脚和手的保暖。

其次，摄影器材的防冻也非常重要。我们知道，摄影器材是非常精密的仪器，其中许多机器元件，特别是数码元件在低温下非常容易出现故障，而无法正常工作。所以，在冰雪的野外拍摄时，一个专业的摄影包是保护器材的先决条件。专业的摄影包由于有很好的缓冲保护隔层，同时也起到了很好的隔离保温作用。在外出拍摄以前，最好将主要使用的相机和镜头等器材确定下来，放在相对容易拿取的位置，方便在野外拍摄时随时随地地取放，防止器材长时间暴露在外而冻坏。另外，相机的电池由于低温的缘故，电量消耗较平时要快很多。所以，预先给电池充电，尽量多贮备几块备用电池也是非常必要的。

3.6.2 取　景

冰雪风光的场景表现分远景、中景、特写等多种，选择大场面可以表现冰雪世界的辽阔或是“山舞银蛇、原驰蜡象”的宏伟，中远景的风光可以突出特色景物作为兴趣点，而近景则是体现冰雪景物的精美细节。所以，拍摄冰雪风光完全可以在机位、取景和构图上根据自己的视角和兴趣点有选择地安排确定。

▲ 焦距 17mm　光圈F4　快门速度1/800s　感光度100

这幅作品拍摄于黑龙江双峰林场的雪乡，作者用广角镜头选择俯视角度拍摄，充分借以逆光下农家小院篱笆的投影和升腾飘飞的炊烟，生动且富有张力地表现了山村清晨里，那纯净洁白的冰雪世界

▲焦距 25mm　光圈F5　快门速度1/1600s　感光度200

这幅作品拍摄于吉林雾凇岛，作者选择在吉林松花江边低角度以F5的光圈，增加1/3挡曝光量进行拍摄，以冰封江面上凝结的冰花为主体和前景，并借冰面上优美的弧线牵引着观者的视线由近及远，一直到停泊的小船和远方的树林和民居。巧妙地表现出松花江冰封时节，晨雾弥漫、阳光浅照的柔美景象

3.6.3 拍摄要点

冰雪世界的拍摄，最主要的是取得正确的曝光。因为在冰雪里被摄景物较一般情况下，有着更为明亮的反光，景物明暗面以及与周边背景的反差也大。如果机械地以曝光常理来进行拍摄，很容易造成受光处清楚而背光处欠曝丢失了细节；反之，得到了背光处的细节，却又使受光处曝光过度而影响画面的表现。所以，在拍摄时应该首先从自己的拍摄意图出发，这也是拍摄的前提条件。只有确定了自己的拍摄意图，才能确定要得到的画面效果。一般情况下，应该增加一些曝光量。这样不仅使阴影面曝光更为合理，而且会使受光处白色的冰雪显得更为洁白。对于增加多少曝光量为宜？一般可以参照相机的内部测光系统，在相机测定到曝光值之后，可适当地增加1/3～1挡曝光量多拍几张进行比较，以确定合适的参数。

3.6.4 拍摄建议

在逆光照射下，冰雪景物会呈现出晶莹剔透的轮廓，绽放出别样的光彩，冰雪质感异常突出，所以，在拍摄冰雪时可以多选用逆光进行拍摄。同时可以选择较暗的背景衬托，更加凸显画面的艺术效果。而对于顺光和散射光下的冰雪拍摄，选择拍摄主体最好是色彩鲜亮或是明暗反差较大的，不然，由于顺光或是散射光对景物的光照影响，会使拍摄画面显得茫然一片，而缺乏主题和兴趣点。

通过以上几幅均拍摄于东北冰封时节的作品，可以看到，即使在同一个拍摄地，凭借摄影师多方位的视角选择以及准备充分的拍摄构想，对于不同光照色温条件的利用、不同画面兴趣点的选择以及摄影构图的变化等，一样可以拍出不少令人印象深刻的好作品。

▲ 焦距 35mm　光圈F4.5　快门速度1/1250s　感光度200

这张作品拍摄于吉林雾凇岛，作者选择F4.5的光圈、增加1/3挡曝光量以及平视角度进行拍摄，以中景白雪覆盖的东北民居为视觉焦点，四周深浅相交的雾凇林为衬托，犹如童话世界般地描绘出雾凇岛冬季别样的美景

3.7 奇妙的闪电

闪电，有一种惊心动魄的诡异之美。其华丽的外表之下却蕴涵着冷冰冰的两个字——危险。那些经常投身于户外运动的人们会发现，闪电通常会传递一些危险的信号，由于闪电往往伴随着大雨，遭遇雷击的危险是存在的。如果你想要拍摄闪电，要离开闪电发生频率较高的地区一段距离，或者在能避雨的建筑物或车里拍摄。

3.7.1 选择合适的拍摄地点

正确判断闪电离你的距离对安全很重要。闪电一般伴随着雷声，雷声是估计闪电离你有多远的依据。

拍摄闪电的地点也很重要。由于拍摄闪电需要长时间曝光，就必须考虑背景亮度的影响。一般要求背景光越暗越好。如在没有人工光源的郊外原野、重峦叠嶂的群山、一望无际的草原拍摄闪电，你可能会得到非常出色的闪电图片。

3.7.2 拍摄注意事项

在拍摄时，将相机架在三脚架上，选择闪电出现概率较高的方向——一个具有大片开阔天空的前景，如果使用ISO 100的感光度，可以将光圈设置在F4或F5.6，将曝光速度选择拨盘拨到“B”门的位置上，采用手动聚焦在无穷远处，释放快门。如果闪电始终不在你所取景范围之内闪光，漆黑的天空下闪电造成的微弱的泛光一般不会对底片产生太大的影响，可以将快门保持在打开的状态持续曝光，直到闪电出现在你的取景框所包含的范围后才关闭快门。

无论在白天还是黑夜，你都可以拍摄闪电，一般来说，夜里拍摄闪电更容易些。白天拍摄闪电更加困难，需要更多的技巧。因为白天背景光线比较亮，你不可能像夜间那样长时间曝光等待闪电的到来。闪电可能在任何时间任何地点发生，而且速度非常快。无论你的反应有多快，但往往等你看到闪电、拿出相机、按下快门之前，闪电就已经消失了。闪电的发生是偶然的，在天空同一地点连续发生闪电的机会是很小的，但同一方向经常出现确是有可能的，注意观察和判断闪电经常出现的方向，配合地面景物构图，使用减光镜尽可能延长爆光时间来等待闪电的到来，或者使用连续拍摄功能，提前预见性的按下快门拍摄。

焦距24mm　光圈F13　快门速度1/2s　感光度500
这是作者突遇的一次闪电经历，拍摄环境是在市区，傍晚时分，暴雨骤降，空中电闪雷鸣，作者快速进入拍摄状态，并手动设置参数，连续按动快门，拍摄了一组闪电的照片，之后在电脑中挑选画面比较满意的这张：6条闪电空中齐舞

3.8 曼妙的雾景

雾是由许多细小的水点形成的，因而它能反射大量的散射光。距离愈远，散射光越多，色调越明亮，远处景物越看不清。所以在薄雾笼罩下的景物，能明显地从色调上区分出前景、中景、远景，加强了空间的纵深感。

3.8.1 拍摄要点

需要注意的是，雾中的景物变化较快，要善于在变幻莫测的光线和云雾中抓取美妙的瞬间。一般来说在山区雨后大都有云雾出现，而在平原地区大雾多出现在夜间湿度较大、第二天是气温较低的晴天的早晨，这时太阳往往被流动着的雾遮着，游移多变，能见度很低，此时暂不宜拍摄，但是要提前做好充分的准备，一旦大雾飘动而慢慢散开，就是拍摄云雾景物的大好时机。

利用各种雾层拍摄风光，能使景物的透视与色调变化得可近可远、可深可浅，给予景物丰富的层次。在晨雾还没有被太阳热蒸发消散而每个山峦的高峰凸出在晨雾上面的时候拍摄逆光的山景，由于远近的山层都有了厚薄不同的晨雾，被逆光照射的雾层又非常明亮，只要以较近的主要山层作为曝光基础，即可拍摄显现出由深到浅的、层次丰富的、色调明快的照片。

3.8.2 拍摄注意事项

拍摄雾景应注意以下几点：

1．雾景的光亮度很高，应正确控制曝光量，以免曝光过度。

2．雾景反差小，拍摄时最好将相机的感光度调低，以获得细腻的影调和丰富的层次。

3．安排画面构图时，应尽量选择有远景、中景、近景的景物，以表现景物的纵深感。前景中景应选取暗色调的景物。

▲ 焦距25mm　光圈F16　快门速度1/80s　感光度100

拍摄于云南罗平。无数个孤立的小山在无边无际的云雾中时隐时现，朦朦胧胧，影影绰绰，为万亩罗平油菜花海描绘了一幅恬静和谐的田园风光图。前景的油菜地和中景、远景的小山坡，增强了画面的层次感

▲ 焦距73mm　光圈F11　快门速度1/25s　感光度100

拍摄于北京箭扣长城。轻纱薄雾丝丝缕缕地环绕飘浮在山间，使晴日下坚硬的山峰变得妖娆妩媚，为我们展现了万里长城摇曳多姿的美妙画面。前景的花和中景、远景的长城增强了画面的纵深感

3.9 平静的湖面

像湖泊这样的风景，是风光摄影里摄影师比较钟爱的拍摄资源，虽然相对来说是容易拍好的场景，但也有其独特的拍摄要求。

要针对不同湖水的形状、地形条件以及湖畔景物的特点，选择或开阔、或深远、或是强调岸边景物等不同的表现重点，从而选择不同的画面元素组合来进行构图。

3.9.1 准确测光

一般在拍摄大面积水景时，因为水面映衬着天空的反光，按相机的内部测光系统拍摄，经常会出现曝光不足的情况。这种时候：如果对着湖面测光，可以根据相机测光指示再增加合适的曝光补偿量，多拍摄几张以取得正确的曝光。另外，经验丰富的摄影师往往会用点测光模式选择天空或者山峦的边缘等物体测光，再运用曝光锁定功能选择合适的构图后，拍摄出曝光准确的画面。

3.9.2 利用倒影

拍摄湖景时，倒影是最重要的可利用元素。倒影可以使景物延伸、重复，可以使空间感扩大、可以营造有情趣的对称场景、可以增加宁静悠远的氛围，为画面增添迷人的艺术感染力。所以摄影者应当多观察、选择好不同的拍摄角度和镜头焦段，来迅速捕捉到不同倒影效果的多样化场景。

▶ 焦距20mm　光圈F14　快门速度1/640s　感光度200

这幅作品拍摄于西藏三大神湖之一的羊卓雍措，在神湖之畔的高山之巅，面对这圣洁而宁静的场景，摄影师激动地按下了快门。头顶上空美丽的云层一直铺到天边，两岸群山护卫下的蓝绿色湖水透着永恒的意味，感动着世人的心灵。画面左下方金黄的油菜花田如“画龙点睛”般活跃了画面，小光圈的运用保证了画面所有内容的清晰细腻

▶ 焦距24mm　光圈F10　快门速度1/1000s　感光度200

作者于西藏墨脱的高山垭口用广角镜头俯拍了这幅作品。在云气蒸腾的崇山峻岭之间，难得一见的“卡瓦隆天池”终于露出真容，就好像天神的镜子打碎在这人世间，险峻的山路把视线引导到很远的大山深处，整幅画面透着宏大气势之后的神秘韵味，再现了西藏的密境之地——墨脱的特质与个性。在拍摄这种气候复杂多变、稍纵即逝的场景时，摄影师一定要运用娴熟的技巧，从曝光设置到构图一气呵成，迅速地捕捉眼前的风景

3.10 宽广的大海

就像草原一样，大海这样场面和空间感巨大的风景，虽然很有魅力，但是容易空旷平淡、单调乏味和缺乏空间深度。所以要拍出令人难忘的大海作品并不是那么简单的。

3.10.1 做好准备工作

因为受环境、天气等自然条件的影响较大，拍摄前需要了解当地的日出、日落时间、潮汐情况、海岸线的地形特点、海滩的景物情况、当地渔民的活动规律等，提前做好准备免得空手而归，同时也能拍出不同海洋的特质来。船只、海鸥、沙滩、椰林、海岸岩石、赶海的人、渔民、岩石上击起的浪花等，都可以为你所用，作为画面的某个点缀。

3.10.2 构图很重要

摄影师要在画面构图上下功夫，多观察思考才能拍出令人满意的海景作品来。前文提到的在拍摄大场面的风光摄影时，经常用到的远近构图法和前景的运用非常重要，可以让观者感受风景的细节，加上中景和远景的依次展开，为作品增加空间的延伸与立体感。在拍摄海景时，可以利用海平面三分法构图，横竖画幅构图，还可以组合利用海岸线、天空的云层、船只、栈桥或者礁石山体等画面元素，采用三角形、斜线、曲线构图等方法，使画面内容更加丰富、展示不同地方大海多样化的美景。

要多运用广角镜头和较小的光圈来取得大景深，清晰表现海面上远近细节。在清晨和黄昏时拍摄海景，最好选择逆光拍摄，这样可以把朝阳、云彩和整个海面的光色纳入画面。测光模式最好采用点测光、中央重点测光模式，选择不同的测光点或者设置曝光补偿多拍几张，试验不同明暗影调和色彩效果并及时修正，以获得理想的画面。

▶ 焦距13mm 光圈 F22 快门速度1/40s 感光度200
这幅作品拍摄于广东深圳的海边，清晨时分，摄影师爬上海岸线最突出的悬崖高处，支起三脚架用超广角镜头拍摄了这幅日出海景的作品。竖画幅的构图展示了天空翻涌的云层、光芒四射的太阳、海平面的远山、深沉巨大的海洋和海面长长的阳光轨迹；脚下悬崖岩石的斜线活跃了画面，同时表现了空间感与纵深感

▲光圈F10　曝光时间1/400s　焦距62mm　感光度200

这幅作品拍摄于泰国普吉岛的海边，摄影师站在海岛的高处，把整个海洋充满画面，很纯粹和直接地表现了大海的宽广无边和海水的梦幻色彩。海平面已经消失融化在远方，海水由远至近呈现出丰富的蓝色调的变幻；对角线行驶中的游艇拖着闪亮的水痕，成为视线的焦点，打破了巨大海面的单调；由于直接对海面测光出现的海水波光粼粼的效果，也活跃了整个画面，给观者带来美妙的感受

▲ 焦距20mm　光圈F18　快门速度1/8s　感光度200

这幅作品拍摄于清晨的山东蓬莱海边，在表现手法上突破了常规的海景作品的束缚。摄影师大胆地让海边的栈桥纵穿画面，一直延伸到很远的海里，避免了单调地表现空旷的海面和天空。同时，充分地利用了画面右边日出时低矮斜射的光线，表现了从海面、沙滩到栈桥，丰富而细腻的光色变化。这幅作品给人以意想不到的视觉冲击力，整个画面洋溢着装饰画般的美感

3.11 宁静的乡村

在风光摄影中，无论是阡陌纵横的田野，还是古意悠悠的小镇，都是摄影师容易到达的去处，也是乐意拍摄的题材。

3.11.1 前期准备

乡村和城镇的美，不只表现在晴日里的晨昏。有时往往在风雪雨雾等看似不适合拍照的气候条件下，乡村和城镇也会呈现出不同平常的独特美感。

首先，在出发去乡村拍摄之前，我们不妨对所去的地方做一些基本的了解，譬如村镇所处的地理位置、季节风貌和历史沿革等，这样对于确立拍摄构想和到达后选取拍摄点都会很有帮助。其次是对所去地方的民风民俗和建筑特色作一些了解，这都有助于拍出好作品。

3.11.2 拍摄要点

在对前去的地点有了一定的了解后，我们就方便选取拍摄所需的器材了。对于拍摄村镇全貌而言，一般选取广角和中焦的镜头。而对于拍摄村镇局部，或是建筑特点而言，需要选取中长焦镜头来进行拍摄。

拍摄村镇的全貌时，在保证安全的情况下可选择位于村镇外围的高处山坡或是公路，或是村镇中的较高建筑物顶端来进行拍摄，可以充分地结合村镇所处的地理位置、气候特征或是晨昏时极佳的光色来表现，一般以俯拍和平拍为主。而对于拍摄村镇的局部时，可以选取当地民俗活动、建筑的特点和当地建筑精美的细节来加以表现。

在拍摄全景和中远景时，一般尽可能地设置小光圈数值，以保证画面具有足够的景深，表现出乡村和小镇与周围地理环境相融合的特点和气韵。而对于中景和近景的拍摄，一般可设置为大光圈数值，以此来凸显拍摄者的兴趣点或建筑物细部的特点和美感。另外，一些摄影配件在拍摄中会起到很好的辅助作用，例如偏振镜对控制散射光，提高画面的光色；中灰镜对压暗天空亮度，提升天色和云彩的清晰度均有很好的效果。

焦距80mm　光圈F8　快门速度1/100s　感光度100
安徽南部的建筑非常有特色，作者采用中景的方式，利用阴天散射光，将大山里的一个徽南村庄表现得古朴而宁静

▲ 焦距 40mm　光圈F4　快门速度25s　感光度 100

作者选择在黑龙江双峰林场，即雪乡一侧的山坡上为拍摄点，以山道上的民居为中心点，在夜晚进行俯拍，并以冬季的雪色和当地的山林为依衬，来表现雪乡之夜的静美。长时间曝光留下的车灯轨迹，对于烘托主题起到了画龙点睛的作用

▲ 焦距 93mm　光圈F7.1　快门速度1/200s　感光度200

同样是在黑龙江双峰林场雪乡，摄影师选择了山道旁的平视角度进行拍摄，主要表现在早晨的侧逆光下，山村炊烟袅袅、生机勃勃的景象。摄影师以背光的山林为背景，强调了晨光里炊烟升腾时的透明度，加之同样在光影里的红灯笼，使画面充满了生活的气息和鲜活的色彩

从以上两幅作品可以看出，基本同样的拍摄地点，在不同的拍摄视角、时间和光照的条件下，作品所表达出的内容和意境却迥然不同。

▲ 焦距127mm　光圈F5　快门速度1/200s　感光度200
这幅作品拍摄于新疆吐鲁番吐峪沟。摄影师采用了长焦镜头和俯拍的角度，通过伊斯兰清真寺、当地土坯民居的建筑特点以及色彩的对比，充分体现了当地农村的地理风貌和强烈的异域风情

通过以上几组乡村题材作品的对比，我们可以看出在拍摄乡村题材的时候，充分地利用不同的外界元素结合自己的拍摄想法来进行创作，能够呈现出多种多样的拍摄效果。同样，这也是我们拍出独具个性的好作品的基础。

3.12 神奇的梯田

我国梯田被中外专家誉为世界农耕文化的宝贵遗产，它主要分布在江南山岭地区，其中广西、云南居多。梯田依山而建，它是农民长期的劳动成果，是人与自然和谐共处的典范。其中以云南哀牢山元阳梯田、广西龙胜龙脊梯田和湖南新化紫鹊界梯田较为出名。

梯田不仅仅是生存的载体，也是审美的载体，其独特的景观，吸引着无数趋之若鹜的摄影爱好者。在他们的镜头下，梯田变得如此炫美。在云南元阳县境内全是崇山峻岭，所有的梯田都修筑在山坡上，以一座山坡而论，梯田最高级数达3000级，这在中外梯田景观中是罕见的。

3.12.1 构　图

梯田摄影的构图要注意线条顺畅，线条的造型、结构要与画面框架自然结合。在构图中，要注意梯田田埂的走向及组合，不可杂乱无章。在元阳，初春是拍摄梯田的最佳时机。这时水田放满了水，光亮如镜的水田与田埂界限分明，层次感大大增强。拍摄梯田一般采用逆光、侧逆光及侧光，以达到更好的表现水面如镜、田埂线条分明的效果；采用顺光容易使水面与背景混为一体。拍摄时使用偏振镜的效果有时并不一定太好，因为有时不需要消除水面的反光，而是要充分利用水面反光以增大其反差的强度。

3.12.2 用　光

拍摄梯田前要注意天气变化对用光的影响，拍摄时间以清晨和傍晚为好，云雾飘渺的雨后和白云飞渡的晴天也是拍摄的好时机，要充分利用这拍摄的黄金时间。拍摄梯田一般采用高角度俯拍，这样不同层次的梯田不容易重叠，俯拍还可以增强被摄主体（梯田）宏大场面的表现力，增强纵深感。

焦距73mm　光圈F13　快门速度1/30s　感光度100

照片拍摄于云南元阳梯田。元阳梯田以其独特立体地貌形成“一山分四季，隔里不同天”的独特边地风光。从高处俯拍，利用梯田波光粼粼的水面上或映着霞光的金、或映着天光云影的蓝、或漂着浮萍的红与绿，就可以拍到变幻出绮丽色彩的壮美梯田

▲ 焦距18mm　光圈F13　快门速度1/30s　感光度 100
照片拍摄于云南元阳梯田。村庄云雾缭绕，梯田或隐或现，眼前的景致恍如仙境，为梯田增添了不少淡墨宁静的韵味

▲ 焦距70mm　光圈F10　快门速度1/500s　感光度100
拍摄于冬季陕北黄土高原。黄土高原上一层层山舞银蛇、银装素裹的梯田，在无数个能工巧匠的不懈努力下，精心雕琢出了一幅幅美丽的画卷，彰显了大西北的粗犷与秀美

3.13 魅丽的夜景

每当夜幕降临，美丽的夜景总会使人流连忘返。华灯璀璨、霓虹闪烁、眩目的建筑物装饰灯等装点着我们的城市之夜，景物在夜晚绚丽的灯光下令人浮想联翩。皓月当空繁星满天，月光下的景物是朦胧的，如梦似幻的，给人们神秘而幽远的美。

3.13.1 拍摄时机

拍摄夜景一般在天完全黑前，在天还留有些许亮度的时间拍摄。夕阳余辉看上去并不一定壮观，但是它的美丽与辉煌会逐渐展现出来，天空开始显现出一种暖色调(因为天空此时通常是桔红色的)，随着时间后移则会变为蓝色的冷色调，最后它会迅速消失在黑暗之中。此时拍的照片几乎没有阴影，山峦、高楼等景致依稀可见，配合夜晚五彩缤纷的人造光源，为琦旎夜景增添美妙的气氛 。

3.13.2 拍摄要点

夜景拍摄适当欠曝光很有必要，这可掩盖许多白天看来杂乱的景物，只要轮廓可见，不需太多清晰的细节表现，这样才有夜色的氛围。

在完全脱离城市人造光源影响的郊外拍摄夜景，也是十分美妙的。尽管月亮本身不发光，是反射太阳光，亮度也仅是太阳的几十万分之一，但长时间的曝光，仍可清晰拍摄出地面景物。天气晴朗时的夜晚，繁星闪烁，采用长时间曝光则可拍摄出星星在夜空划出的道道银色弧光的轨迹，使空旷的天空更为生动。

拍摄夜景因为大都需要长时间曝光，所以一定要使用三脚架，快门线也不可缺少，因为手不可能老按在快门上而不产生抖动。如想拍出同心圆效果的星迹，相机镜头一定要对准北极星。不要担心星迹会过曝，因为星星是移动的，不会长时间停留在一点，这样才会形成轨迹。使用大些光圈拍摄会使星星轨迹更加粗亮些，F5.6的光圈比较常用。曝光时间的长短主要取决于月光的亮度和你想拍摄星星的轨迹有多长。同等情况下长焦镜头比广角镜头拍出的星迹会长些。

焦距40mm　光圈F13　快门速度1s　感光度100
拍摄于云南丽江黑龙潭。除夕之夜的黑龙潭公园，夜幕初垂，张灯结彩、五光十色。依稀可见的银雕玉塑的玉龙雪山与流光溢彩的公园遥相呼应，美得神秘圣洁而华丽

▲ 焦距160mm 光圈F20 快门速度1s 感光度320

拍摄于内蒙古满洲里。华灯初亮的绚丽异彩，夕阳西下的神秘余晖，展现了满洲里美轮美奂的另一面

▲ 焦距19mm 光圈F22 快门速度8s 感光度640

拍摄于浙江宁波三江口。一轮明月清亮如水，一湾江水平缓如镜，繁华热闹的都市之夜，妩媚而宁静

3.14 节日的焰火

燃放烟花焰火是中国人表达喜庆的一种传统形式，每逢过年过节或者重大活动时，我们都会看到很多美丽的焰火。五彩缤纷的烟花，溢彩流金的焰火影像，将整个夜空装扮得分外妖娆。

3.14.1 拍摄位置的选择

拍摄这火树银花，漫空璀璨的绚丽景色，不同于拍摄普通的夜景。因为烟花是动态的和无规律性的，大多数情况下你不知道下一个烟花在什么地方开放？是什么形状？是什么亮度？而且单纯的拍摄焰火而没有周边合适的夜景配合，也使画面不够生动。最好能够把一些有纪念意义或者漂亮外形的建筑物也包含在画面之中，这样既可以体现烟花的主题，又能很好地表现出画面的纵深感。

为了达到此目的，首先就是要选择好拍摄地点，要选择合适的建筑物做衬景，还要保证不会被其他障碍物挡住镜头视线（例如高楼等），若有制高点则更容易避开地面杂乱的环境。

3.14.2 拍摄要点

一般来讲烟花然放的亮度要高于附近建筑物的亮度，所以我们拍摄时可以用合适光圈设置保证焰火的准确曝光，并调整快门速度来记录焰火的轨迹和控制背景物的曝光。因为燃放的焰火在空中停留是暂短的，燃烧物是移动的，所以才产生燃放轨迹。在固定的光圈设定情况下，相机曝光时间的长短决定了烟花轨迹的长短和背景曝光的正确与否。

除了燃放焰火外，在中国的民间还用很多其他的焰火形式来庆祝节日。像河北蔚县的“打树花”就是用熔化的铁水泼洒到古城墙上，迸溅形成万朵火花，犹如枝繁叶茂的树冠而称之为“树花”，像陕西米脂的“铁水打花”也是把铁水融化后放到沙子和湿锯末里后直接扬洒向天空。

焦距24mm　光圈F5.6　快门速度2s　感光度100

拍摄于2008年北京残奥会闭幕式。鸟巢炫美的身姿与水中的倒影碧光一色，五彩斑斓的焰火创造了火树银花不夜天的美妙时刻

▲ 焦距135mm　光圈F10　快门速度0.8s　感光度200

拍摄于2008年北京奥运会闭幕式。水波月华的水立方、五彩缤纷的烟花、溢彩流金的焰火影像，将整个夜空装扮得分外妖娆

▲ 焦距24mm　光圈F13　快门速度6s　感光度 100

拍摄于河北蔚县。一场漫天缤纷的打树花，甩溅出绚丽多彩的火花。似“火树银花不夜天”般的绚烂，如“疑是银河落九天”般的壮观

3.15 艺术的建筑

艺术的建筑是指按照美的规律，运用建筑艺术独特的艺术语言，使建筑形象具有文化价值和审美价值，具有象征性和形式美，体现出民族性和时代感。

3.15.1 建筑的特点

建筑是人类创造的最伟大的奇迹和最古老的艺术之一。从我国大漠中的敦煌莫高窟、古朴自然的丽江、雄伟壮丽古长城，气势恢宏的故宫、圣洁高敞的天坛、诗情画意的苏州园林、清幽别致的峨眉山寺庙到奇异炫目的国家大剧院、引鸾待凤的鸟巢、迷幻般水波月华的水立方……无不闪耀着人类智慧的光芒。

艺术的建筑也是一种实用性与审美性相结合的艺术，主要是通过空间实体的造型和结构安排、各门相关艺术的结合、同自然环境的关系等发挥审美功能，也通过合理的实用功能和先进的技术手段显示其艺术水平。

3.15.2 拍摄要点

拍摄艺术的建筑主要是要记录它的特征，拍摄垂直高大的建筑最需注意的就是应保持建筑物的垂直性，避免变形。一般建筑都比较高大，但近距离拍摄时可能找不到高机位（普通镜头在建筑物高度一半的地方取景时可避免变形），仰拍由于广角镜头近大远小的特点往往容易使建筑倾斜变形，失去原有的风貌。远距离使用长焦镜头拍摄可以减小变形，但又往往容易受到空间上的干扰。使用带移轴功能的镜头拍摄能有效地调整变形。

▲ 焦距16mm　光圈F9　快门速度10s　感光度50

幽幽的水、幽幽的夜，引鸾待凤的鸟巢华丽而优雅，她既是人类体育的竞技场，也是艺术建筑的经典之“巢”。前景中的两只船作为陪衬，让画面更丰富

▲ 焦距19mm 光圈F9 快门速度20s 感光度100

夜幕下的国家大剧院金碧辉煌，水中倒影的利用使画面增添了梦幻迷离的神秘色彩

▲ 焦距19mm 光圈F7.1 快门速度1/80s 感光度100

蓝天白云的映衬下，更突显出建筑的高耸于威严。拍摄这类照片时，保持地平线的水平非常重要

3.16 险峻的长城

万里长城，历来是文人墨客称颂赞叹的对象。在摄影领域，长城同样是大家热爱的拍摄题材。各种景别的长城，不同季节的长城，或巍峨或柔美，或沧桑或秀美，无时无刻不在吸引着摄影人的眼球。

3.16.1 拍出新意

拍好长城是比较难的，因为拍摄的人多、取景角度有限、拍摄点险峻难以达到，所以题材和形式难免雷同。长城摄影作品，在注重画面形式美与光影之外，最可贵的是要能表现出氛围和意境，以及沧桑厚重的感觉。在唯美之外，可以从纪实性和知识性的角度入手，去拍摄原汁原味的长城、体现历史风貌的长城；还可以通过摄影作品反映祖国各地长城脚下古堡、村落里的民风、民俗以及今昔对比，延续长城的过去、现在和未来，从人文的角度解读长城。这些都要求摄影师能够具备一定的历史文化地理知识，不断提高自身的修养和内涵。

3.16.2 拍摄要点

拍摄长城，广角镜头和长焦镜头是必备器材，前者用来表现长城的雄伟和绵延之势，后者用来拉近不易接近的长城片段、拍出丰富的组合画面来。要注意从构图安排、乡土人文资源借用、包括后期处理等方面下功夫，努力拍出有个性、有新意的长城摄影作品。

▲焦距 270mm　光圈F5.6　快门速度1/500s　感光度360

这幅长城作品，拍摄于北京冬季的箭扣长城。作者利用长焦镜头压缩空间感的特性，把古老残旧的烽火台和圆月紧密地组合在一起，拍摄了这幅充满历史幽情、苍凉怀古氛围的片子。所以，优秀的摄影作品并不一定刻意地追求光影，营造出特有的韵味和意境反而更加难能可贵

▲ 焦距 24mm　光圈F22　快门速度1/5s　感光度200

这幅作品拍摄于河北的金山岭长城。作者在高处的山崖，用广角镜头把连绵不绝、气势磅礴的古代长城表现得淋漓尽致。“会当凌绝顶、一览众山小”，莽莽群山看不到边际，长城划着优美的曲线蜿蜒而去消失于崇山峻岭之间，一个个烽火台屹立于山峰之巅，面对这雄伟的古代人工建筑的奇迹，“念天地之悠悠”的怀古之情和民族自豪感尤然而生

▲ 焦距28mm　光圈F7.1　快门速度1/400s　感光度200

这是一幅带有纪实性和人文意味的长城摄影作品，拍摄于山西右玉县的战国长城，重点表现了古代边关的今昔之变。黄土高原上，千年前的雄伟长城如今只剩下几个孤单的烽燧土堆，长城脚下的废弃民居也是人去楼空，更加强调了画面的荒凉、沧桑感。不禁使人思绪万千、穿越时空、遥想当年繁华边塞、金戈铁马的征战场面，轻叹梦幻泡影般的岁月变迁

3.17 荒芜的沙漠

沙漠是大自然的奇景之一，也是风光摄影里比较独特的拍摄对象。如何把变化莫测、广袤浩瀚的沙漠拍出个性和特点？如何表现沙漠的荒凉之美？需要多看、多揣摩相关题材的摄影作品，借鉴优秀作品的构图、用光和意境表达，不断地实践和积累一定的技巧，才能拍出优美的作品。

3.17.1 前期准备

在实际拍摄中，先要对沙漠的走向轮廓、沙丘的特点、太阳的方向、当地的风景资源以及合适的拍摄位置等多加观察、判断，为拍摄做好必要的准备。同时，要注意利用保鲜膜、薄塑料袋等工具保护好相机和镜头，避免风沙侵入、破坏设备。

3.17.2 拍摄要点

沙漠中可拍摄的题材，并不局限于沙漠本身。骆驼、有特点的植被、活动的人、天空的奇特云彩、夜晚的星空、沙丘的曲线、沙子的纹理等，都可以有效地利用组合来拍出有新意的、内容丰富的作品。要根据当时的场景特点，运用不同的镜头和构图方法，可以表现大场景，也可以表现有意思的小景和局部光影。

沙漠摄影要充分地利用早晨和黄昏时光线的造型能力，最好采用逆光、侧逆光进行拍摄，来捕捉迷人的光影效果。这个时间段低角度斜射的阳光，可以很好地表现沙漠的连绵起伏、明暗变化、沙丘的优美曲线、沙子的特殊纹理质感和驼队的漂亮影子等。

▲焦距28mm　光圈F9　快门速度1/200s　感光度200

这幅拍摄于甘肃敦煌鸣沙山的摄影作品，避开了常见的拍摄鸣沙山的角度。作者运用偏振镜突出了飘逸的白云和沙丘的色彩，高大沙丘的优美曲线延伸向蓝天。蓝色、金黄色、墨绿色强烈的色彩对比，营造出很强的视觉冲击力，沙丘右侧的高大杨树表明了生命的顽强

▲焦距70mm　光圈F18　快门速度1/320s　感光度200

在内蒙古的巴丹吉林沙漠，一只骆驼闯入了视野，摄影师把骆驼放在构图的最佳位置、迅速地抓拍下这幅画面。质感很强的金色沙漠一直铺到天边，远方如波浪般起伏的沙海有着丰富的曲线和明暗光影。与沙漠共生存的低矮灌木和骆驼，为这个荒凉的世界带来生机

▲ 焦距135mm　光圈F6.3　快门速度1/800s　感光度200

这幅作品拍摄于内蒙古的巴丹吉林沙漠，连绵不绝的巨大沙山消失在远方，好一幅壮观的沙海图。作者特意放弃了天空，让沙漠充满整个画面，中景沙丘上的人与沙漠的尺度对比，更加强调了巴丹吉林沙漠的气势。摄影师将沙山曲线的起点和走向进行了最佳的安排，在表现沙漠曲线流转、明暗变化、光韵生动的同时，也保证了画面的稳定感和完整性

04

人像摄影通用技巧

人像摄影的器材
人像摄影的构图
人像摄影的用光

4.1 人像摄影的器材

人像题材无疑是摄影爱好者拍得最多的题材之一了。如何拍好人像、用什么样的器材才能拍出更好的人像，是绝大多数摄影人都会关注的问题。从器材的选择上来看，其实市面上的主流数码相机，拍摄人像作品，都没有问题，甚至一些拍照功能强大的手机也都能拍出画面清晰的人像作品。

数码单反相机

如果更在意一些诸如景深范围、快门时滞等方面的因素，那数码单反相机是更好的选择。对普通影友而言，一般的入门级数码单反相机拍摄人像作品完全可以胜任，只是一般入门级数码单反感光元器件尺寸会偏小一些，配合镜头使用的话，实际等效焦距都会×1.5倍左右，所以再选择镜头上需要选择一些焦距更短、光圈更大的镜头。如果在资金上比较宽裕的朋友，全画幅数码单反相机当然是更好的选择。

镜 头

广角变焦镜头如14-24mm，定焦24mm、35mm等焦段可以拍出夸张的变形，使人物看上去比较失真甚至是变形，如无特殊要求和想法，应该尽量少用或避免此焦段；

中长变焦镜头如70-200mm，定焦105mm、135mm等焦段有压缩作用，可以把人物从背景中分离开来，和其虚化背景的能力更加突出人像，但长焦由于对画面的压缩和透视效果，也不算是最主流的人像镜头。

拍摄人像更多的是使用中焦变焦镜头如24-70mm；定焦50mm、85mm等焦段的镜头。这个焦段的镜头，角度和人眼视角基本相同，变形较小，透视也正常。实际拍摄中，由于与被摄人物距离适当，不会因过近而引起被摄者不安，也不会因过远，而产生相机抖动使主题对焦不实。此焦段可以很好的兼顾人像和背景的关系。

反光板与外拍灯

人像摄影中，三脚架并不是必须的。因为要抓怕模特的表情，基本没有时间让相机待在脚架上。与此相反，一块大小适中的反光板，却是户外人像的必需品。它能在户外将光线很好地反射到模特的面部，从而弥补逆光或侧光拍人像时脸部光线的不足。

一款便携的外拍灯，也能对人像摄影创作带来很大的帮助。特别是半身人像或全身写真时，外拍灯往往能将模特的面部光影打造得更加均匀舒服。

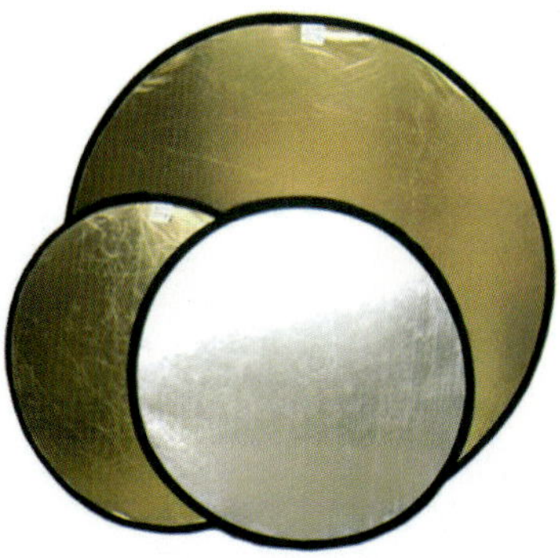

4.2 人像摄影的构图

中国画论上讲："画有法，画无定法。"（清·方薰撰·《山静居画论》），摄影画面的构图也是如此。它有一些大多数人公认的一般性的法则，但这些法则有时又不是绝对的，不可以生搬硬套。构图的好坏，常会影响到一幅人像摄影作品的艺术形式是否有感染力，影响一幅人像摄影作品的主题表达得是否鲜明。因此，我们对有关人像摄影构图的一些基本要领要进行必要的研究。常用的人像构图方式有：

4.2.1 横构图

横构图也称为水平构图，由于人类看景物的习惯和相机的设计，在拍摄中，我们常常会选择横向构图，这比较符合人类习惯转动眼睛和颈部去横向扫描画面。但单人人像摄影中，除特殊构图要求外，由于横构图不可避免地要留下大量空间，这往往分散了画面的注意力，所以横构图多应用于多人人像中，可以给观赏者提供更多的信息。

▶ 焦距200mm　光圈F5.6
快门速度1/1000s　感光度1600
人物两侧留出大面积的多余空间，主体不够突出，但像演唱会或其他人员复杂的场景中横构图更利于抓拍，横拍时动作更小，很多专业的摄影师在盲拍的时候也多采用横构图

▶ 焦距75mm　光圈F4
快门速度1/125s　感光度400
这幅照片采用横构图的原因是被摄者为多人，且布局比较分散，如果采用竖构图，将画面人物囊括其中，画面上下将出现大面积的空间，会削弱被摄主体的地位

4.2.2 竖构图

竖式构图也称为垂直构图、直式构图。在单人人像摄影作品中，大量采用的是竖构图。竖构图可以让被摄者的身体更大比例被摄入画面中，更加突显，而且比较自然。在拍摄单人或少数人的时候，常用特写，半身或七分人像，多数主题居中。使用竖构图，还可以更好地展示拍摄对象，去除多余的背景后，人像主题更加突出张力。

▲ 焦距28mm　光圈F4.5　快门速度1/500s　感光度250

竖构图很好地展示了小女孩完整的姿势和神态，黄金分割点的安排，让画面舒适自然

▶ 焦距24mm　光圈F8　快门速度1/250s　感光度100

竖构图使画面更加紧凑，人物安排在画面的对角线上，更增加了照片的趣味性

4.2.3 方构图

方构图也称为框式构图，框式构图有两种方法：

一是利用前景中的物体将主体框起来，这样可以赋予人像作品一种纵深感，使其别有一番风味。这种构图法使画面景物富有变化，增加了照片的空间感，形成前后对比，达到美化结构和交代空间的效果。

二是现在大部分人用的相机都是矩形画幅，其模式深入人心，正方形构图一定会以独特的魅力让人耳目一新，可以试着重新裁剪你的老片，让其焕发新生。

▶ 焦距45mm　光圈F5　快门速度1/200s　感光度100
画面中被摄者用手指围成一个方形结构，不但增强了照片的形式感，虚实对比也能突出主体

▶ 焦距65mm　光圈F14　快门速度1/125s　感光度100
当被摄主体在画面正中心的时候，正方形构图显得简洁而平衡。相比之下，其他矩形画幅拍摄相同的场景会显得过于呆板

4.2.4 井字形构图

所谓井字构图法，就是将画面的长、宽均分成三等分，然后用四条线将画面格成九宫格，在画面上线条交汇的四个节点，是画面的兴趣点，一般主体会安排在这四个点中的某一个上。现在主流的数码相机显示屏上都有这样的九宫格线条，可以方便我们取景构图。

一般在构图时，我们都会直觉将画面的视觉重心摆放在正中央，不管是在水平或是垂直线的中心点上，因为这样的构图是一种最安全也是最稳固的构图方式。

中央重心的构图虽然安全，但却容易流入俗套，运用“井字”型构图，将被摄人物放置于这四个交点中的一点上，让画面产生不平均的留白，这样可以让整个画面更活泼，有更多想象的空间。

以下两幅作品中主体人物的脸部都在黄金分割点上，大面积的留白并没有过多影响到主体表达，反而使画面更加活跃，人物与环境融合得更加自然。特别要注意的是在使用这种构图方式时，要注意焦点的位置，因为大多数相机采用中心点对焦，这样就要求我们在构图之前先对人脸进行对焦和测光。

▲ 焦距45mm　光圈F2.8　快门速度1/13s　感光度400

◀ 焦距24mm　光圈F5　快门速度1/200s　感光度100

4.2.5 对角线构图

是指影像在画面上呈对角的方向分布，这种构图在绘画作品中经常见到，对角线构图的特点避开了左右构图的呆板感觉，形成视觉上的均衡和空间上的纵深感，增加了人像作品的活力。在许多人像摄影拍摄中，我们常常采用的是对角线的构图。

◀ 焦距300mm 光圈F2.8 快门速度1/250s 感光度400

在拍摄人像照片时经常会遇到有展臂等动作，如果使用横构图或竖构图会有浪费照片的空间、不够突出主体、构图死板等问题，我们知道对角线在一个方形结构中距离最长，所以画面显得饱满均衡、富有动感

◀ 焦距105mm 光圈F4 快门速度160s 感光度400

这幅作品使用对角线构图，画面紧凑、信息充实，老奶奶认真自然的看书姿态表现得很完整

4.2.6 三角形构图

三角形是一种非常稳定的结构，所以三角形构图也会有一种稳定的气势。在人像作品的构图中，一般会是人物的某几个部位，合理组合成一个近似三角形的结构，类似金字塔，视觉上平稳、大方给人一种稳定感，所以这种构图方式常常用来表现安静、庄重的女性。

◀ 焦距35mm　光圈F5　快门速度1/60s　感光度100

这种构图方法可以均衡画面，人物的曲线自然合理。脸部与视觉兴趣点，中心点明确，这种倒三角形的构图方式富有动感，使静止的画面变得生动

◀ 焦距160mm　光圈F2.8　快门速度1/320s　感光度400

画面中模特的三个点支撑起整个画面，而三角形有没有平稳地放在上面，给人的感受是稳中有动，整体感觉画面清新、淡雅。画面右上的头发于左下的汽车相互呼应，画面均衡

4.2.7 考虑人物视线的构图

镜头属性对倾斜式构图画面表达有重要的影响作用，我们都熟知广角镜头尤其是超广角镜头对画面透视的伸展作用，在广角镜头成像下，画面呈现出一种线条感，人物本身，也作为线条，参与构图的表达，在数学中，对角线是最长的一条线，所以，当采用倾斜式构图，人物分布于画面对角线的时候，整个画面看起来有张力，动感十足。

▶ 焦距200mm 光圈F2.8 快门速度1/500s 感光度500

干净的背景，自然的表情，右面的留白符合眼神的视觉方向

▲ 焦距70mm 光圈F2.8 快门速度1/60s 感光度400

在人像视觉方向留出空白符合人眼的视觉习惯，也平衡了整幅照片的视觉感受

4.2.8 考虑人物背景的构图

在人像摄影中常常要运用背景的衬托作用，或为人物锦上添花，但背景的运用主要是突出主体，为主体服务，因为人像摄影无论是半身还是全身照，也无论是室外或室内拍，主要表现的是人，人物与背景之间的关系必须做到主次分明，背景要为人物服务，发挥应有的衬托作用。这种烘托和帮助的作用，一方面是靠背景上的物体形象去体现，另一方面也靠背景的影调明暗来完成，这两方面，都属于表现人物形象，而不是拍摄的目的。

我们在选择背景时，要注意被摄人物的年龄、性别、性格和外表服装等，使之与背景协调一致，这样才能更好地烘托主体。

▲ 焦距100mm　光圈F4　快门速度1/125s　感光度200
这幅照片通过不同色相和明度的色彩，使人物与背景形成鲜明对比，从而突出人物

◀ 焦距40mm　光圈F4　快门速度1/125s　感光度100
画面中用背景人物与主体人物虚实对比的方法，表现了一段生活的情趣和爱情的甜美，这种背景的补充说明方式应用得也比较广泛

4.2.9 考虑人物布局的构图

影友常常会遇到在纷繁复杂的环境中如何提炼精彩人物瞬间的问题，这里其实涉及到如何组合人物之间关系的问题，其他人物在画面上与主体构成一定的情节，帮助表达主体的特征和内涵的对象。组织到画面上来的对象有的是处于陪体地位，它们与主体组成情节，对深化主体内涵，帮助说明主体的特征起着重要作用。画面上由于有陪体，视觉语言会准确生动得多。陪体是指画面上与主体构成一定情节，帮助表达主体的特征和内涵的对象。我们通常用的几种人物布局突出主体的方式有：

1. 色彩的对比。
2. 虚实的对比。
3. 在画面中大小的对比。
4. 明暗的对比。
5. 位置的对比。

▶ 焦距155mm 光圈F4.5 快门速度1/15s 感光度400
从这幅照片中一眼旧能看出主体是中间的母亲和女儿，一方面他的位置是在中间，另外鲜艳的衣服也吸引观赏者的眼球，虚实的对比也比较明显

▲焦距70mm 光圈F4 快门速度1/1250s 感光度200
从这幅作品中我们可以通过周围的陪体和中间的主体会到其中的欢乐气氛，中间 的外国人和她突出的红色上衣是画面的兴趣中心点

4.3 人像摄影的用光

摄影就是用光的艺术，光是具有方向性的。一般来说，我们可以按照光源照射人物方向的不同，可以将光线分为顺光、逆光、侧光、散射光等。不同的光照方向，会有不同的画面效果。如何熟练运用不同的光线，是人像摄影用光的一大技巧。

4.3.1 顺 光

顺光的位置是在摄影者脑后的光，清晨和黄昏的时候，顺光不是太强烈，由于光线是从正面方向均匀地照射在被摄体上，被摄体受光面积大，阴影也比较少。顺光时拍摄测光和曝光控制相对比较容易。即使是使用相机的自动曝光系统，一般也不会出现曝光上的失误。但是，因为在顺光的条件下，被摄体表面不管凹凸不平，因受光情形完全相同的原因，阴影不易显现，因而会造成物体的质感和立体感贫乏，对主体的描写也趋于平淡。

▶ 焦距55mm　光圈F14　快门速度1/125s　感光度100
这张棚拍的顺光人像有典型的顺光特点，首先是皮肤较为柔和，减少了脸上的皱纹，并且让消瘦的脸变得丰润，缺点是画面缺乏立体感

▼ 焦距200mm　光圈F3.2　快门速度1/100s　感光度800
这幅采用顺光拍摄的人像作品，人物的皮肤得到了唯美的表现。画面整洁干净，背景与主题和谐统一

4.3.2 侧 光

侧光能使被摄体表面的凹凸呈现出明显的阴影。这对于表现被摄体的纹理、质感是一种十分理想的光线。侧光既能勾勒出被摄体的轮廓线，又能体现立体感，是摄影用光时较为常用的光线。

在使用侧光拍摄人像作品之前，先要解决如何控制光比的问题，用独立测光表或相机内测光，分别将人像明与暗的曝光值准确地测量出来，明暗差异控制在两挡范围内最为合适。超过两挡曝光，势必造成因反差过大而损失人像的皮肤质感。必要时，可使用反光板或辅助灯对暗部进行补光处理。

▶ 焦距73mm 光圈F9 快门速度1/160s 感光度100
这张照片中运用了侧光布光法，人物的皮肤质感被表现得淋漓尽致，模特面部表情刚毅

▼ 焦距300mm 光圈F4 快门速度1/1250s 感光度200
用侧光拍摄女性的时候应尽量减小光比，光比以1:2或1:3为好，就是人物脸部明亮的部位比暗的部位小一级或两级光圈，这张照片使用了大光圈虚化背景，有力地突出了了人物的形态，并表达了空间感和主题感

4.3.3 逆　光

使用逆光拍摄时可以在物体周围产生一种耀眼的轮廓光，完美地勾勒出物体的轮廓。首先，它能使背景处于背光之下，曝光不足，使背景得到净化，从而获得突出主体的效果；其次，它能生动地勾勒出被摄体清晰的轮廓线，使主体与背景分离，突现被摄体外形起伏和线条，强化被摄体的主体感；再次，它能深入地刻画人物性格，由于整个画面受光面积小，面部与身体的大部分处于阴影之中，形成以深色为主的浓重低调画面，有助于表现人物深沉、含蓄、肃穆或忧郁的性格。同时，由于影调反差对比度较大，明暗光线布局强烈，既可使人物面部的某些欠缺借助强光加以冲淡，又可利用背光的暗影予以隐匿，以取得扬长避短之效。可以想象，在逆光的照射下，被摄体往往会变成剪影，因此，对于曝光的把握相对比较困难一些。逆光能给被摄体轮廓镶上一条夺目动人的金边，处理适当，能创作出一种独特的美感，拍出充满戏剧性效果的光影感觉。

在拍摄逆光照片时，如果按背景测光或者是按自动程式曝光时，往往会曝光不足，一定要注意曝光补偿或是补光。

▲ 焦距75mm　光圈F4　快门速度1/30　感光度800
在背景较强的光线下主体曝光不足，这幅作品的作者巧妙地利用孔明灯的局部光源，照亮了主体的脸部，算是对主体的补光，所以我们在遇到逆光的情况下要注意增加辅助光进行补光或增加曝光补偿

焦距200mm　光圈F5.6　快门速度1/2000s　感光度320
这幅作品是按照平均测光没有对主体进行补光或增加曝光补偿，主体呈现剪影状态，主体被放在黄金分割点上，成为视觉的中心，整幅画面主体与环境浑然天成

4.3.4 散射光

散射光是一种不会产生明显投影的柔和光线，也称“软光”。是太阳光线被云层或雾气所挡，而形成的散射光线。散射光的天气，是经常遇到的，如薄云遮日、阴天、雨天、雪天以及日出前、日落后等，都会出现散射光。在散射光条件下，景物影调容易显得平淡，色彩比较灰暗。但在散射光条件下拍摄人像作品，有时会取得独特的效果。

使用人造光时通过柔光纸透射或是反光板来反射的光线也属于散射光线，因为光线不是直射而是从不同方向反射到被摄体的，所以阴影很淡，反差较小，影调相对比较柔和。

▲ 焦距200mm 光圈F2.8 快门速度1/125s 感光度1250

这幅照片就是在散射光照射下拍摄的，人物面部立体感不强，但人物表情抓拍得当，感觉比较自然

散射光多用于拍摄婴儿和女性的肖像，当然也会用于其他方面，相对于直射光的硬来说，散射光最大的特点就是柔软，它能制造淡淡的阴影降低光比，柔化事物表面，使拍摄出来的人物或者风景更加柔和，有一种清新自然的感觉。现在的人像摄影中，很少会出现单灯照明，大多是使用多等组合的散射光来拍摄。

▶ 焦距135mm 光圈F2.8 快门速度1/250s 感光度200

在拍摄女性肖像的时候，为表现其细腻的皮肤，常用散射光源拍摄

4.3.5 眼神光

眼神光是光线在眼球上形成的微小光斑，在人像摄影中，眼神光是最容易出彩的地方。利用合理的光线，拍出带眼神光的人像作品，往往可以起到画龙点睛的作用。眼神光使眼神传神生动，对刻画人物的神态，有非常重要的作用。

▶ 焦距65mm　光圈F10　快门速度1/125s　感光度100
这张照片中的眼神光是点睛之笔，让人物的眼镜更加清澈。照片中的眼神光还映像上了摄影师的剪影，这种不规则的眼神光是专业摄影师常常采用的

◀ 焦距33mm　光圈F4.5　快门速度1/50s　感光度800
这张高调照片中最显著的就是黑色的眼睛，如果没有眼神光，死黑的眼睛会使模特感觉呆板

4.3.6 补偿脸部阴影的辅助光

摄影的美离不开光和影的层次，如果当自然光由于受到各种因素的制约，不能达到层次丰富的光影效果时怎么办？那就进行人工补光，这种技术手段在人像摄影中是经常用到的。一般在下述情况下需要补光：

1. 阴天拍摄彩色人像。由于阴天的彩色人像色温扁高，易使画面色调偏冷，补光会让人物生机勃勃。

2. 早晨和黄昏的人像。早晨和黄昏的光线投射较低，光线弱，配之背景的云霞，很有浪漫气息。但往往由于人物处于逆光、半逆光情况下，暗部缺少层次，这就需要补光，但得注意，不要补光过度，否则早晨或黄昏的气氛就全没了。

3. 树阴下的人物。树阴下的人物由于四周较暗，缺少环境光的反射，只有补光才能使暗处的人物和亮处的影物影调和谐。

4. 逆光下的人物。逆光富于立体感的塑造常常受到青年朋友喜爱，但如果逆光人物的正面缺少环境光的足够返射，背景和人物很难在影调上调和，这就需要补光，但补助的光线应以继续保持逆光的美妙效果为前提。

补光的工具是多种多样的，闪光灯、白纸、有一定面积的白色器皿、浅色的布、镜子、白墙等，补光成败的关键在于补光量的多少，补光只是进行补助的光，强度超过主光就“篡位”了。

▲ 焦距40mm　光圈F9　快门速度1/80s　感光度125
没有使用反光板，侧光拍摄时人物是“阴阳脸”

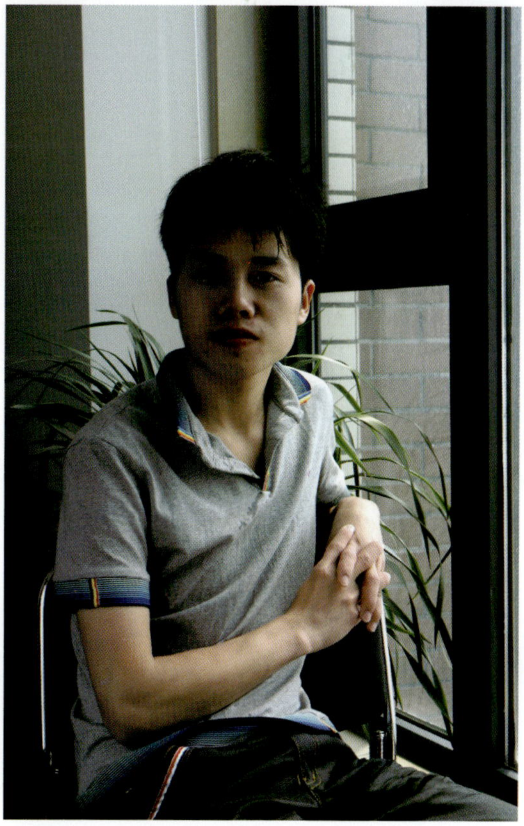

▲ 焦距40mm　光圈F9　快门速度1/100s　感光度125
在使用反光板后人物的身体和脸部反差减小，视觉感受更加舒服

4.3.7 巧妙利用复杂的环境光

在拍摄舞台人像时常常会遇到多种不同色温的灯光，甚至不可以增加辅助光，在这种复杂光线的情况下我们应该注意哪些问题呢？首先要注意焦点的控制。有些较暗的环境下或高速运动情况下最好使用手动对焦。其次要注意曝光的准确，在多数灯光对准舞台人物，背景较暗的环境下我们应该使用曝光补偿或使用手动曝光，使主体曝光准确。第三，需要注意色温的还原。在复杂的灯光下，多重色温共同存在，自动白平衡无法准确还原的时候应使用手动模式调节白平衡。

▶ 焦距300mm　光圈F2.8　快门速度1/320s　感光度640
这张照片的成功之处在于精彩瞬间的抓取和整体颜色融合，舞台灯光不足的情况下要定格住精彩顺间，应提高感光度，以提高快门速度，照片中的浅蓝色背景和主体的深蓝色和谐统一，构成了一幅完美的画面

▲ 焦距125mm　光圈F2.8　快门速度1/60s　感光度400
长焦缩小了景深，虚化了背景，从而达到突出主体的目的

▲ 焦距100mm　光圈F4　快门速度1/30s　感光度 200
在环境光较为复杂的舞台，要适当运用曝光补偿，以使得主体曝光准确

05

人像摄影分类技巧

户外美女人像
室内美女人像
拍摄可爱的婴儿
拍摄欢乐的儿童
人物特写与头像
拍好聚会合影
拍好旅游人像
拍好夜景人像
自己拍好证件照
人物姿势

5.1 户外美女人像

户外拍摄美女人像时，因为拍摄的主体是美女，所以人像占整个画面的比例不宜太小，如果没有适当的背景搭配，拍摄时可尽量靠近主体，并选择较单纯的背景，利用大光圈或长焦景深浅的特点，虚化背景使主体突出。

在公园外拍时，树枝、横杆、梁柱、电线或反光斑点尽量避开人脸部的四周，通过摄影师位置的移动改变与被摄者的角度，利用视角的改变将这些不适当的景物剔除在取景框之外。有些比较抢眼的景物，如鲜艳的花朵，无论是当前景或背景都应尽量模糊或淡化才不至于抢走被摄者的风采，使用简单的背景、整齐的背景会使拍摄对象突出，从而令照片效果更出色。户外拍摄人像照片的时候尽量安排拍摄对象在简单且不令人分神的背景中。有时也许只需向着一个方向或另一个方向移动几英尺，便可消除照片中令人分神的干扰因素。

◀ 焦距24mm　光圈F1.4
快门速度1/400s　感光度100
一般来说光晕对照片的影像质量有严重的破坏作用，但这幅照片巧妙地运用了光晕的朦胧效果，增加照片的整体意境，我们在拍摄人像时不妨尝试一下，但要注意对人脸进行补光

◀ 焦距17mm　光圈F5.6
快门速度1/160s　感光度100
把人像放在照片的中间，两边留白，可增加画面的透视感

▲ 焦距100mm　光圈F4　快门速度1/200s　感光度100

在拍摄户外人像时可适当增加曝光，这样可以让被摄者皮肤白皙、细腻，并且可以简化背景，突出主体

▶ 焦距95mm　光圈F4　快门速度1/1000s　感光度100

使用大光圈，长焦端拍摄人像可虚化背景、突出主体

5.2 室内美女人像

室内实景摄影人像大多需要布置灯光，但一般的房间因空间和高度条件的限制，布光远没有影室中方便，这时候就需要运用一些技巧，比如用闪光灯反射、裸灯、使用机顶闪光灯局部引闪等。日常中最常用的方法就是通过闪光灯反射。在室内，可以充分利用窗户透射进来的光线，这样可令画面更加柔和。选择合适、恰当的肢体语言，可以体现模特气质、内心表现等。选择不同的视角，改变拍摄方向，也是丰富构图变化的一种重要手段。

▲ 焦距85mm　光圈F1.8　快门速度1/60s　感光度400
抓拍人物瞬间动作要注意环境的融合，照片中五颜六色的前景丰富了画面的色调

▲ 焦距28mm　光圈F4　快门速度1/30s　感光度100

室内人像要注意道具的运用，画面中的饮料对平和画面和谐气氛起到了至关重要的作用

▲ 焦距148mm　光圈F3.5　快门速度1/125s　感光度400

黑白照片减少了色彩的干扰，可以让人们更多关注人物状态以及环境的刻画

▲ 焦距50mm　光圈F4　快门速度1/50s　感光度 100

拍摄室内美女人像时，不妨搭配适合表现美女气质与姿势的道具，借助环境烘托出人像的特征

5.3 拍摄可爱的婴儿

婴儿是人像摄影中一个很特殊的题材，很多父母第一次拿起单反相机，就是因为家里添了一个可爱的宝宝。

宝宝在不同年龄段都有自己的特点，不同时期，拍摄照片也有不同的技巧和方式。学会拍摄在各年龄段的宝宝，将宝宝的不同时期拍摄的照片，制作成一本记录宝宝成长的相册，是十分有意义的。

宝宝的表情其实是很丰富的，父母是最好的摄影师。拍摄宝宝的表情，不要只拍下甜美的微笑，而要捕捉所有表情，包括傻笑、皱眉、痛哭等。 婴儿是无拘无束的。 记录是下他们的喜怒哀乐，将是日后生活一段非常美好的回忆。

◀ 焦距50mm　光圈F2.8　快门速度1/60s　感光度100

人生的第一声啼哭。并不是笑容才是宝宝可以拍摄的题材，痛哭依然可以拍得让人怜爱，旁边注目的玩偶起到了很好的陪衬作用

◀ 焦距85mm　光圈F2.8　快门速度1/60s　感光度100

相比痛哭，笑脸当然是很多父母更爱拍摄的题材。宝宝看到妈妈的表演，露出了可爱的笑脸

拍摄宝宝，不能使用闪光灯，所以在室内拍摄难度很高，这时尽量提高快门速度，一般不低于1/30秒，速度再低的话，画面容易发虚。如相机性能不错的话，可以提高相机的感光度，现在主流的单反相机，感光度设置在ISO 800的时候，噪点也不是太明显，画面还是比较细腻的，可以放心使用。如果感光度开到ISO 800仍得不到安全的快门速度，就减1EV的补偿。

拍摄宝宝时，最好让他们感觉不到相机的存在，让相机尽量靠近宝宝，令宝宝在相机的取景器或液晶显示屏上填满屏幕，以便创作印象更加深刻的照片。走近一些，或者使用相机的变焦功能突出重点，并忽略次重点部分。并不是全景才是漂亮的，浓缩的才是精华！

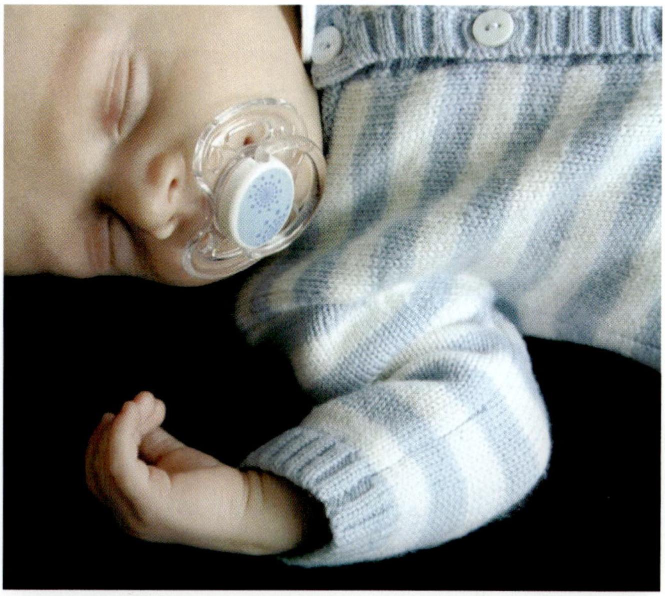

▶ 焦距50mm 光圈F4 快门速度1/80s 感光度100
把宝宝放到一个大的沙发靠垫上，用黑色的床单把这个沙发靠垫盖了起来。运用窄的构图强调小家伙的脸；不过记得不要把他的小手剪切掉

▼ 焦距100mm 光圈F2.8 快门速度1/45s 感光度100
这样的细节照片挺打动人，但一般的父母很少想到。在宝宝清醒的状态下，他们常常会挣扎着动脚趾。趁他们睡着的时候，用黑色的被单盖住孩子的腿和肚子，只让他的小脚丫露出来

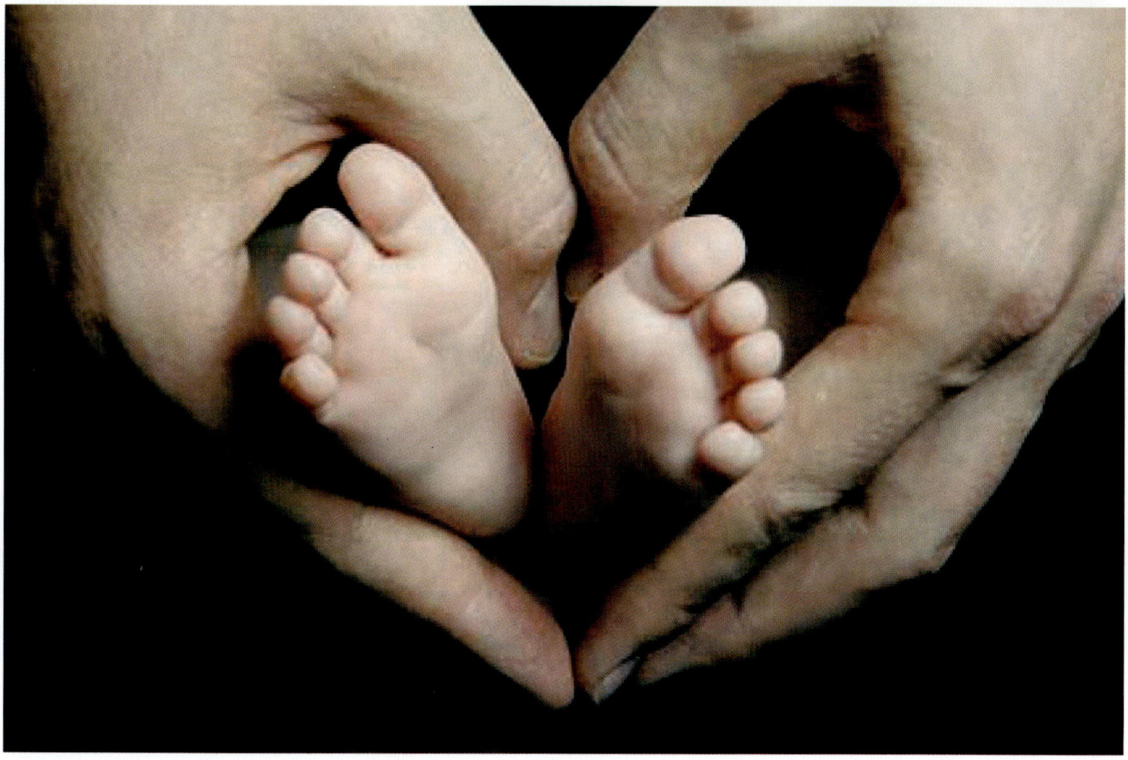

5.4 拍摄欢乐的儿童

孩子长到2～5岁以后，能走能爬，比较好动。这个年龄段，其实是拍摄他们的最好时候。需要注意的是，与婴儿时代不同，这个时候的拍摄距离，要经常变化。大多数照片拍摄者与孩子的距离在2～3米之间，以全身或大半身像为主，缺少距离感，看着也单调。可以按照近景、中景、远景，甚至特写对儿童进行拍摄，近到有些自然的变形，远到融入环境之中。就好像一部电影多些景别变化，如采用不同寻常的俯视角或仰视角等，才更富有生活感。拍摄宝贝的近景头像，采用俯视角度，可以得到不一样的效果。

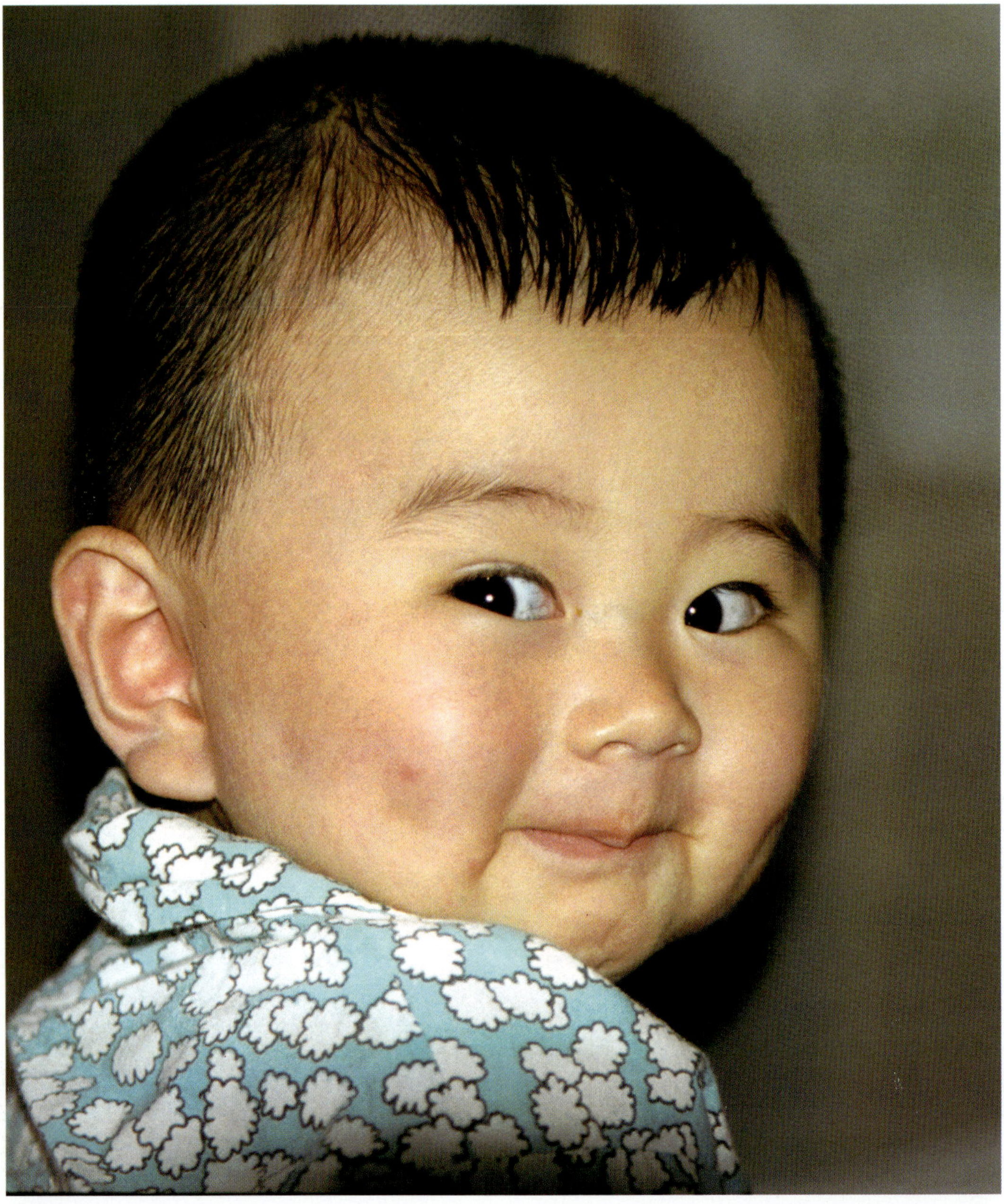

▲ 焦距85mm　光圈F2.8　快门速度1/75s　感光度100
这是采用水平视角拍摄的近景头像，效果也不错，但要注意与小孩的眼神成水平，这时大人需要半蹲

▲ 焦距135mm　光圈F2.0　快门速度1/180s　感光度100

孩子参加吃西瓜比赛，抱着一个比脑袋还大的西瓜啃，比赛之后开怀大笑。这个时候要注意焦点的选取，另外，景别也要根据情节的不同而适当变换

▲ 焦距24　光圈F4.5　快门速度1/30s　感光度100

儿童时代的孩子生活丰富多彩，表情也是非常生动。一个正在读古诗的小女孩，眼睛大睁，嘴角突出。将焦点放在女孩的眼睛处，虚化掉书本和手，更加突出孩子的生动表情

5.5 人物特写与头像

大头照，可以说是最受欢迎的人像照片，无论是从贴纸照在年轻人中的风行，还是大头照在时尚杂志封面以及商业上广泛的应用，都可以看出这点。简单美丽与局部特写是以最简单的构图方式去拍摄人物，只要让人物保持一点微笑，对着镜头就OK了！简单而美丽，这是拍摄头像的起步，相信对多数人像初学者是容易办到的。观察人物细致了，我们可以只表现人物脸部的一个局部，去突出你想表达的细节。

拍摄大头照时构图相对简单一些，人物的脸部占据了大部分的画面。但你是要保留整个头部？还是只取脸部的一部分？这和你需要表现的感觉有关系。在画面上，手的造型是经常用到的构图元素，你还可以在画面里加入花卉、头饰等元素丰富你的构图。

拍摄大头照，需要仔细地观察人物的脸部特征，尽量去表现模特最完美的一部分。如果人物脸部比较宽，你就要尽量从侧面去拍；如果下巴比较长，你要稍微俯视一点去拍；如果她有一双美丽的大眼睛，那你不妨去拍摄表现眼睛的特写。

◀焦距200mm 光圈F2.8 快门速度1/125s 感光度400

拍摄头部特写要注意观察模特的脸型，选择最能突出脸型优点的角度拍摄。头部特写有时候也可以带进一些手部的元素，以丰富画面的表现力

▶ 焦距85mm 光圈F1.4 快门速度1/13s 感光度100

采用俯视角拍摄头部特写，是一种不常采用的方法，但有时能起到出其不意的效果

▶ 焦距85mm 光圈F1.4 快门速度1/45s 感光度100

采用正常视角拍摄待嫁的荷兰少女，将少女的耳环项链以及头部婚纱一起拍进画面，更加体现了少女的美丽动人与高贵气质

5.6 拍好聚会合影

摆拍，是聚会合影用得最多的表现手法。全家出游或者三朋四友集体留念，总爱整齐地排成一行或数行， 留作纪念。作为聚会合影，先要确定好聚会人物的主次排序，如果是单数的话，主角应在中间；双数的话，主角也大多是先选好背景景物，再将人物安排在适当的位置上进行拍摄。这种用摆布的手法拍摄的“保险”留念照，虽然无可厚非，有时甚至是必要的，但比起那些在人们行进的过程中，三三两两、各有姿势、互相交谈时抓拍的照片来，却不免显得单调呆板一些。

聚会是一种极富乐趣的观光娱乐活动， 聚会摄影是朋友友谊、重大活动的忠实记录。因此，画面是否生动自然，有无浓厚的生活气息，往往是一幅聚会照片成败的关键。采用独特的视角，调动聚会人员的情绪，是拍好聚会合影的两大关键要素。

拍摄聚会照片还要注意，不要刻意去给人摆姿势，尽量让大家自我发挥，然后摄影师再做调整。其一能调动大家的积极性，第二又不会将聚会照拍成会议照。拍摄聚会照片是记录快乐作为留念的，让每个人都有个大大的笑脸，这点绝不会错。当然，这也不是必然。有时候不妨“各自为政”，摆出一个摇滚乐队的“酷姿”，拍出来效果也非常好。

▲ 焦距17mm　光圈F2.8　快门速度1/250s　感光度100

这样的聚会合影你是否很少见到？让聚会人员向下看，采用俯视角，利用闪光灯将面部照亮，得到了这张别具一格的聚会合影，下次你也试试吧

▲ 焦距75mm　光圈F3.2　快门速度1/1600s　感光度400

这样的聚会合影，也是一种与众不同的拍法，四个长发美女在侧逆光的照射下，显得光彩动人。虽然是背影，但欢乐的气氛跃然图中。光线的巧妙运用与氛围的营造，是这幅照片最能感染人的地方

▲ 焦距17mm　光圈F8　快门速度1/400s　感光度100

采用独特的姿势，可以得到搞笑的效果。聚会合影最怕每个人都死板的站着

5.7 拍好旅游人像

根据拍摄目的的不同，我们可以将旅游人像摄影分为两类。一类是纯旅游纪念性质的“到此一游”式的拍摄；另外一类是利用景物来衬托主题人物的艺术人像拍摄。

作为“到此一游”类型的照片来说，如果选择的景点不是当地有特色的景物的话，那根本就体现不出来你已经到“此”游过了。这个问题也就是关于人物和景物进行构图搭配的问题。我们见过不少“到此一游”的照片，片中人物站的位置都不是很合适，这里的关键是人物的位置安排必须恰当。一些照片为了突出人物，却想不到正是因为人物所在的位置正好把风景中最有特色的东西给遮挡住了；有一些照片过于强调风景，被拍摄者和景物靠得太近而离相机镜头太远，如果这时正好是使用广角镜头进行拍摄得话，最后出来的照片要用放大镜才能找得到照片的主角人物。所以在拍摄人景结合的照片中，被拍摄者所站的位置是很重要的。

另外，“到此一游”的照片，也可以利用当地的特产，甚至货币来交代环境。而且，最好不要死板地站位拍纪念照，通过跳跃，探身等等，可以将纪念照拍得生动有趣。

拍摄旅游人像时，当地人是值得捕捉的对象。特别是一些宗教氛围浓厚，或者民族特色鲜明的地方，通过拍摄当地人的服饰、活动等，来体现不同的文化背景与生活场景，将是你旅游相册中很打眼的一部分。

▲ 焦距11mm　光圈F5.6　快门速度1/50s　感光度400

利用旅游地的建筑环境来拍摄人像，是我们大部分人的做法。如何体现当地建筑的特点？如何将众多旅行者拍在同一个画面？这幅图片很好地做到了这两点。通过仰视角，既将这座木质建筑的顶部与围栏体现地很有纵深感，每个人也都收纳到画面中

旅游人像摄影中，当地的儿童，往往是大家喜欢拍摄的题材，因为世界各地的儿童，往往都拥有纯真的面孔和友善的笑容。拍摄这样的题材，可以采用特写、半身或者全身几种景别，特写和半身，最好将背景虚化掉，但最好选择好景深，不要虚化过度，以免环境信息全部丧失。而全身人像带上背景最好。

旅游人像除了自己留作纪念以外，与朋友分享也是一大乐事。利用当地的货币，或者独具地方特色的装饰物，往往能起到交代旅游目的地的作用。

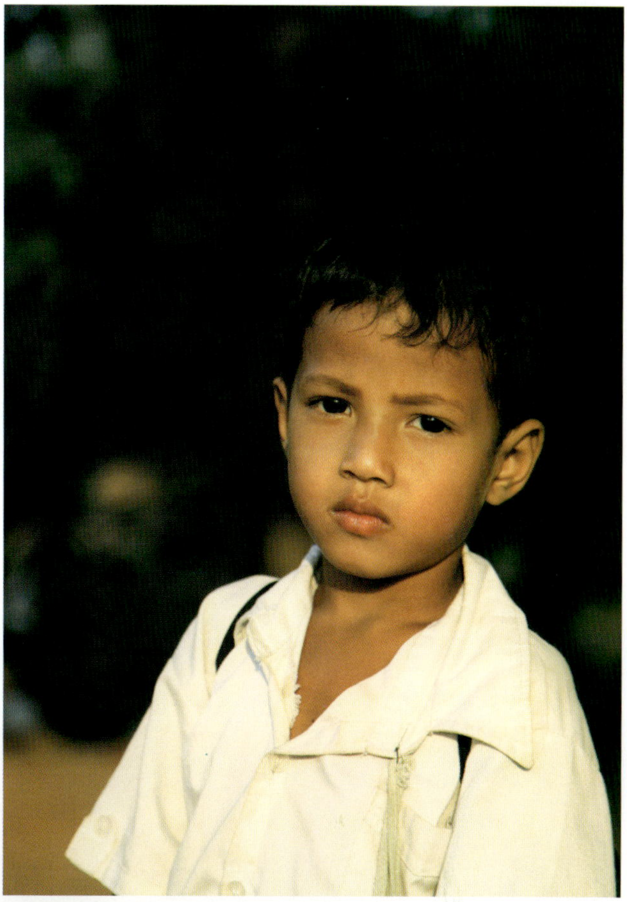

▶ 焦距90mm　光圈F4　快门速度1/400s　感光度200
一个刚刚放学的柬埔寨小男孩，衣着整洁，目光有些茫然。夕阳打在脸上，营造出暖暖的色调，虚化的背景突出了人物主体

▲ 焦距6.7mm　光圈F4　快门速度1/160s　感光度200
越南货币是世界上面值非常大的币种，每个人在这里都能找到“百万元户”的感觉。图中人物拿着一张50万越南盾的货币，表情生动，交代的信息也非常全面

绝大部分影友拍摄的旅游人像中，以静态的纪念照居多，或站或蹲或坐。其实我们往往不必过于拘谨。可以采用跳跃、探身、或者模拟环境中的搞笑场景，来达到更为生动的效果。

◀ 焦距8mm　光圈F6　快门速度1/300s　感光度100
纵深一跃，带上环境背景，往往能拍出一张很生动的旅游纪念照。记住这时候要将相机设置为连拍模式

◀ 焦距50mm　光圈F5.6　快门速度1/50s　感光度100
在环境中看到一个好玩的道具，坐上去模拟蜗牛的触角，打破了传统纪念照死板的摆姿，日后回放起来记忆也会更为生动

每到夜晚，旅游的影友往往放弃了拍照。毕竟扛着三脚架外出，都是一件辛苦的事情。但夜晚手持相机时，利用环境光或者特殊物体反射的光线，也可以拍出清晰的旅游人像照片来。而且夜色下的影调，往往更为迷人，大家不要轻易放弃。

◀ 焦距28mm　光圈F4　快门速度1/20s　感光度2000
利用孔明灯散出的光线，拍摄的旅游合影照。人物自然围绕孔明灯，显得不呆板，身后远处的灯光还在陪体人物头上形成了好看的轮廓光

5.8 拍好夜景人像

璀璨的夜景中，很多影友也喜欢给亲朋好友留影纪念。在夜景中拍摄人像，需要我们了解一些经常出现的问题，以及解决的办法。

在夜晚拍摄人像，影友经常会使用闪光灯，这样做离相机较近的人物得到了曝光，但是由于相机闪光灯范围有限加上曝光时间短，使得本来肉眼看来绚丽无比的夜景在相机中显得漆黑一片。解决这个问题的办法，一般有两种：

1. 控制闪光灯的光量。可以让相机离人物远一些，减少人物的曝光量。有些相机还可以对闪光灯光量进行简单设置。

2. 调节快门速度，使用慢快门加闪光的方式拍摄夜景人像。

拍摄的时候可以使用相机的手动挡（M），将快门时间调慢，同时强制打开闪光灯拍摄。注意，由于拍摄夜景人像所需曝光时间往往在1秒左右，甚至更长，当闪光灯闪亮后，尚有较长时间快门仍开着，用以感受夜景光线，倘若被摄对象移动，则原先被人遮住的背景部分就会面对镜头，继续感光，这样拍得的照片，人像部分就会形成透明或半透明的情况。所以，被摄人物一定要保持原来的姿势直到拍摄结束，这样就能拍出人物和背景夜景曝光都很正常的照片了。

在不使用闪光灯的情况下，尽量将相机的ISO调高，以便得到清晰的图像。另外，采用大光圈，可以将背景的灯光虚化，得到一种朦胧梦幻的效果。

▲ 焦距85mm　光圈F2.8　快门速度1/75s　感光度100

采用大光圈利用环境光拍摄夜景人像，并调高ISO值，同样可以得到主体清晰的照片。而且夜晚灯光的暖色调对主体有一种很好的衬托作用拍摄这类夜景人像照片时，一定要注意对环境光的把握，并善于将外拍灯和反光板联合运用。主体正面受光，是为了压暗背景以突出主体。主体背后受光，打出一圈轮廓，这是为了让主体从黑色的背景中跳出来。

▶ 焦距50mm　光圈F1.6　快门速度1/50s　感光度125
利用轮廓光拍摄夜景人像，是需要较高技巧的。一是要注意让模特的头部挡住发光源，以便在头发上形成明显的轮廓光；二要注意对着脸部测光，以免背景过于明亮而脸部黑暗一片。适当的时候，可以采用反光板对脸部补光

▼ 焦距50mm　光圈F2.8　快门速度1/45s　感光度 100
如果想弱化环境，可以用外接闪光灯照亮主体。这时候要注意控制曝光量，以免主体明亮而背景漆黑一片

5.9 自己拍好证件照

越来越多的地方需要用到证件照，对摄影爱好者来说，其实完全有能力自己拍摄证件照。这样做的的好处一是可以省钱，因为专业的影楼或者工作室拍摄一张证件照费用不低。最主要的，是可以一直拍，直到自己满意了为止。

5.9.1 证件照的器材准备

相　机

拍摄个人证件照，对相机的配置要求并不很高，并非只有数码单反相机才能完成拍摄，通常具备 3 倍光学变焦和500万以上像素的便携数码相机也都完全可以胜任。

三脚架

一副稳定的三脚架是拍摄证件照的关键，特别是在有专业影室灯的家里和阴天的室外拍摄。虽然手持相机也以完成，但有了三脚架的辅助，将会大大提高拍摄质量。且，证件照的拍摄，对相机高度有一定的要求，如果是半着拍摄，肯定会影响稳定，容易拍虚。

背景布

个人证件照片，通常要求使用白色、红色或淡蓝色作为背景，在没有特殊要求时，身着白色服装，可用淡蓝色做背景，其他颜色衣服最好搭配白色背景。在我们常用到的证件照中，最庄重的背景会用蓝色，如护照，学位证书等；红色代表喜庆，常用于结婚照；白色则是作为驾驶证等突出个人身份特征用途的背景色。如果在家拍摄证件照的话，我们可以选择一面干净的墙或纯色床单作为背景进行拍摄。

闪光灯和反光板

拍摄证件照，应尽量选择不偏色的光源，如白炽灯或荧光灯。在光线较暗时我们可以使用闪光灯增加亮度，突出背景色，还可利用家里的台灯进行补光。在室外拍摄时需要利用反光板对人物面部进行补光。

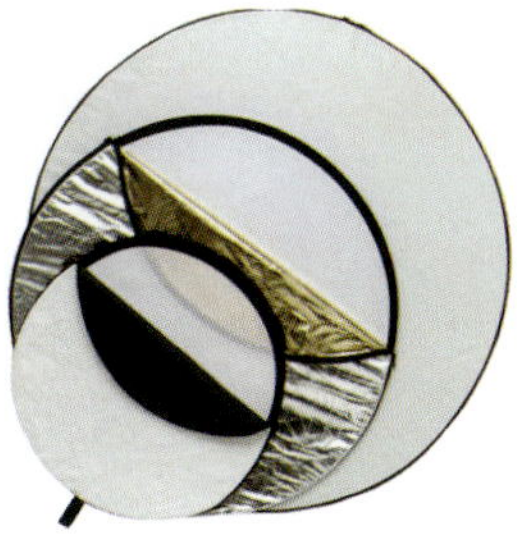

▲焦距78mm 光圈F20 快门速度1/100s 感光度100
人物身体向左或向右侧旋约15°，可以显得更优亲和力

5.9.2 证件照构图与姿势

拍摄时，画面中应主要为人物的头部和半胸，注意头部与上下边框的间距不要过大，一般人像头部要占整个画面的2/3，注意，千万不要让被摄人物“顶天立地”。

在国内，几乎所有常见的证件照都是人物端坐于镜头之前。其实，我们在拍摄一些非正式用途的证件照时（如个人简历照等），完全可以稍作变化。即被摄人物的身体稍微向左或右侧旋转大约15°，这样的证件照要比端坐的姿态显得更加具有亲和力。

拍摄时，镜头焦距最好控制在中长焦段的范围之内，要注意避免广角端夸张的形变或长焦端对脸部刻画缺乏立体感的现象。一般可在50-85mm焦段范围内进行拍摄。

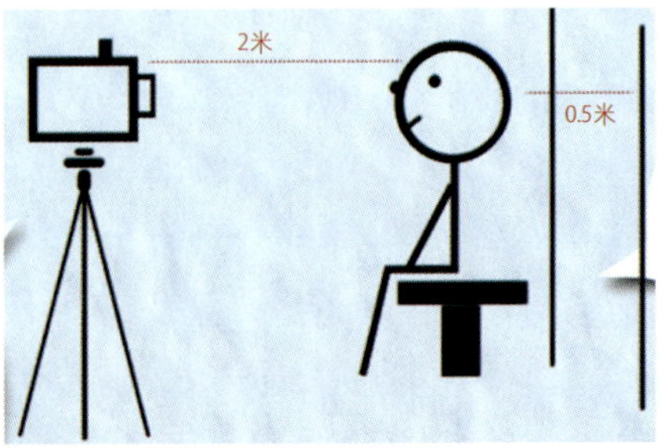

▲相机与被摄人物距离2米比较合适

人与背景的间距

在拍摄时，被摄人物应在背景正前方半米左右的位置坐下。注意被摄人物不要紧贴背景，这样容易造成背景重影的现象。

相机与人的间距

拍摄时相机应保持与被摄人物头部处于同一水平高度，并且拍摄距离不要太近，因为距离过近会使被摄人物面部产生变形，所以，相机与被摄人物保持2米左右的距离较为合适。

适当的引导

虽然证件照不是艺术照，但终究是拍摄人像照片。所以，作为摄影师也应适当引导被摄人物，使其表情自然，拍摄时要特别注意被摄人物的视线要投向相机镜头方向。

佩戴眼镜要注意

对于戴眼镜的被摄人物，应将主光源放得稍高一些，避免眼镜的反射光形成耀斑。如果是在家中，可将闪光灯举高，利用无线引闪装置进行拍摄，或将台灯垫高拍摄。

把握拍摄瞬间

拍摄时，摄影师要注意调整人物的姿态和眼神，尽量不要让被摄人物等待太长时间，因为等的时间越长，人物的表情就越不自然。应该摆好姿势，稍作调整，即刻拍摄，抓住人物临场表现自然的一瞬间，按下快门完成拍摄。

常见证件照尺寸一览表

照片类型	尺　寸
1英寸	25mm×35mm
小2英寸	35mm×49mm
2英寸	35mm×52mm
护照	33mm×48mm
毕业生照	33mm×48mm
身份证	22mm×32mm
驾照	21mm×26mm
港澳通行证	33mm×48mm
美国签证	50mm×50mm
日本签证	45mm×45mm

5.10 人物姿势

在拍人物全身照或大半身照时，被摄者的姿势及造型十分重要。不过人物造型与姿态并没有一定之规，不过按照常规的审美习惯，要使被摄者的姿势优美，有几个普遍的规律可循：

5.10.1 头部和身体忌成一条直线

拍摄人像作品的时候，如果头部跟身体成一条直线，难免有呆板之感。因此，当身体正面朝向镜头时，头部应该稍微向左或向右转一些，照片就会显得优雅而生动；同样道理，当被摄者眼睛正视镜头时，让身体转成一定的角度，会使画面显得有生气和动势，并能增加立体感。

▲ 焦距55mm　光圈F4　快门速度1/500s
感光度100
头部跟身体在一条直线上，造型显得呆板

▶ 焦距47mm　光圈F4　快门速度1/320s
感光度100
身体稍微侧转一些，画面显得生动

5.10.2 双臂和双腿忌平行

无论被摄者是坐姿或是站姿，尽量不要让其双臂或双腿呈平行状，因为这样会让人有僵硬、机械之感。妥当的做法可以是一直一曲或两者交叉成一定的角度。这样，人物姿势富于变化并有一种动感，画面不至于那么呆板。

▲焦距80mm 光圈F4 快门速度1/125s 感光度100

人物双手双腿平行，人物显得拘谨呆板

◀焦距28mm 光圈F4 快门速度1/125s 感光度100

手臂和双腿有一些变化，人物显得生动活泼

5.10.3 尽量让形体曲线分明

对于女性被摄者来说，表现其富于魅力的曲线是很有必要的。通常的做法是让人物的一条腿尽量支撑全身的重量，另一条腿稍微抬高些并靠着另外一条站立的腿，臂部要转过去一些，以显示其最窄的一面，胸部则通过腰部的弯曲，尽量地显示其高耸和丰腴感。同时，人物的一只手可摆在臀部，以便给画面提供必要的宽度。

▶ 焦距24mm　光圈F5.6　快门速度1/125s　感光度100
女性的S型曲线之美应该在画面中尽情展示

5.10.4 坐姿忌陷

表现被摄者坐姿时，不要让其像平常一样将整个身体坐进椅子。如果这样，她的大腿会呈休息的状态，以至于腿上端脂肪较多的部分隆起，使大腿显得很粗笨。正确的做法是让其将身体向前移，靠近椅边坐下，并保持挺胸收腹，这样可避免肩垂肚凸的现象。

▲ 焦距24mm 光圈F4.5 快门速度1/40s 感光度100

陷在椅子里面，会显得双腿比较粗

◀ 焦距24mm 光圈F4 快门速度1/30s 感光度100

变换一下坐姿，会显得姿态更优美

5.10.5 镜头宜远不宜近

一般来说，拍人物照，距离远些总比近些好。因为当镜头(尤其是广角镜头)离被摄者很近时，会有畸变现象产生。因此，拍摄时应选择合适焦距的镜头，并让镜头与人物保持一定的距离。这样人物面部器官的畸变会减少，人物会显得更漂亮。

▶ 焦距24mm 光圈F7.1 快门速度1/100s 感光度100
人物离相机过近，面部产生了明显畸变，人物鼻子显得很大

▼ 焦距50mm 光圈F7.1 快门速度1/100s 感光度100
拉大人物与相机的距离，面部各器官大小比例协调

5.10.6 尽量让双腿膝盖高低错落

对于女性被摄者来说，除了胸部和臀部的弧形线条之外，最吸引人的便是小腿的线条了。而在坐姿时，小腿的线条表达尤其困难，再加上俯拍会让线条变短，仰拍又容易让小腿和脚变得粗大无比，那么怎样正确摆姿才能表现小腿线条呢？时尚摄影师们喜欢将模特的双腿摆成内八字来体现模特小腿的细长，但是我们大家要明白，我们可没有模特的那个身材。那么我们就用一个取巧的方法，让膝盖高低错落，并让两条小腿交叉最终汇聚而形成一条直线。

▲ 焦距28mm　光圈F11　快门速度1/200　感光度200
被摄者的双腿交错起来并最终形成了一条直线，很完美地表现了被摄者腿部的线条

◀ 焦距28mm　光圈F3.5　快门速度1/1200　感光度200
这张照片中，我们很容易可以看出摄影师依旧是让被摄者的膝盖高低错落，双腿靠拢交错，两条线条汇聚成一条，从而展现模特完美迷人的双腿线条

06

花卉摄影

花卉摄影需要了解的通用技巧
室内花卉的必备技法
户外花卉的必备技法
影友热爱的题材：荷花
影友热爱的题材：油菜花
创意花卉

6.1 花卉摄影需要了解的通用技巧

日常生活中，可以说花卉无处不在，街头，公园、广场、家里，我们每天都能够不经意地看到，可谓司空见惯。花卉摄影就是以花卉为主要创作题材和摄影对象，通过我们手中的照相机，赋予这些大自然中的小精灵们以新的生命。当然，这里我们所说的生命，是指艺术摄影的范畴，即表现花卉独有的特性和完美的艺术形态。

花卉摄影是摄影人接触最多的摄影门类，与风光摄影、人像摄影最大的区别，就是约束性小，无论是卡片相机，还是单反相机，配以辅助工具，如镜头，三脚架等，就能拍摄一幅像模像样的花卉作品。当然，这主要还是归结于花卉易接触，易练习的特点。此外，花卉摄影在构图、用光、背景等方面要突出其基本特性，在完全掌握好这些基本特点后，就需要用个人主观意图和摄影技法来表现花卉的艺术感，总而言之，要想拍好一幅优秀的花卉艺术作品，需要我们慢慢去发现、去摸索。

▲ 焦距200mm　光圈F2.8　快门速度1/500s　感光度160

夏日的荷花，是影友非常喜爱的拍摄题材。作者在画面中增加了一些动静的对比，让单一的荷花照片更加生动有趣

6.1.1 花卉摄影的常用器材

拍摄花卉作品，一款具有微距功能的卡片机都可以拍出效果非常不错的照片。不过要想达到更高画质的照片，可换镜头的单反相机当然是更好的选择。

数码单反相机和镜头

花卉摄影对器材的要求并不高，可以说从傻瓜相机到数码单反相机都可以作为拍摄花卉的工具，不过在镜头选择方面，会有一些要求。

通常情况下我们拍摄花卉还是会选择为50—200mm不同焦段的镜头。使用微距镜头拍摄花卉，因为要缩小光圈以获得较深的景深范围，因此最好选用带有光学防抖功能的镜头。50mm、65mm、100mm、180mm等规格的微距镜头都是拍摄花卉特写的利器，完全可以应付花卉的拍摄需求。此外，标头、广角头比较合适花卉风景，可以拉大前后景的透视关系，给人一种很广阔的感觉，同样可以增加画面的冲击力。

▲ 佳能EOS 5D MarkII数码单反相机

▲ 卡片相机也可以拍摄出很优秀的花卉作品

▲ 佳能EF100mm微距镜头

▲ 佳能180mm微距镜头

三脚架

三脚架是花卉摄影的必备之物，因花卉摄影的特殊要求和效果，经常要使用微距拍摄，所以一款坚固轻便的三脚架是必不可少的。

其他附件

出门在外，随处可见山野地头的小花小草，如果在天气晴朗的自然光线下，拍摄这些花花草草，带个反光板显得有些累赘，但是面对阴天，光线不足或者反差太大时，一块反光板则会起到了至关重要的作用。另外，单色的背景布也是拍摄花卉不可或缺的辅助工具，利用背景布可以躲开杂乱的背景，使画面看起来更干净，简洁。室外拍摄如果风大会造成花朵的抖动，准备防风支架或者挡板来挡风也是很必要的。最后，别忘了带上一个小喷壶，在气温过高时，室外花卉的花瓣或叶子会显得无精打采，甚至有些干瘪，往上洒些水珠可以使画面看起来更生动。

▲ 小喷壶

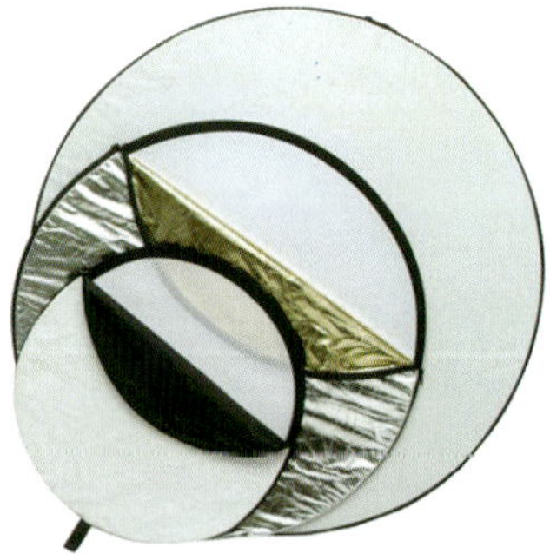

▲ 反光板

▲ 焦距105mm　光圈F2.8　快门速度1/200s　感光度100

在户外拍摄花卉照片，用小喷壶给花卉喷点水，会给花卉作品添彩不少

6.1.2 花卉摄影的构图

花卉摄影的构图是花卉摄影的一项主要技法，也是一种重要的造型手段。花卉摄影的构图，最基本的要求是主体突出，构思新颖，造型优美。要达到这样的结果，我们可以从多个方面入手。

色彩对比突出主体

色彩如同花卉的肌肤，如何表现肌肤的完美，我们需要注意两点：首先要掌握花卉的色彩特点，无论是大红大绿的艳丽色彩，还是清新淡雅的黄白粉兰，拍摄之前首要任务就是选定色彩，根据不同颜色，选择与主体相匹配的背景；其次，分清主体与陪体，通过分析花卉的颜色，掌握好主次色调，尽可能做到“浓妆淡抹总相宜”。

▶ 焦距105mm　光圈F5.6　快门速度1/400s　感光度200
不同的色彩搭配，可以达到突出主体的效果

花卉特写

一幅花卉摄影作品，花朵在整幅画面中所占的比例大小，与相机的镜头、焦段以及拍摄的距离有着密切的关联，拍摄时要突出主体，忌喧宾夺主；取景简练，忌杂乱无章。做到疏密相间，虚实适度，主次分明的画面构成，才能起到平衡画面的效果。

▶ 焦距7mm　光圈F4.0　快门速度1/6s　感光度100
特写让花朵布满整个画面，是花卉拍摄的一种方式

换个角度拍摄出新意

选择适合的拍摄角度，是拍摄前需要精心思考的问题。一般我们日常欣赏花朵，大多是俯视的角度，所以拍摄花卉作品的时候，如果多变换几种跟日常观看花朵不一样的视角，拍摄出的作品会有更多新意，比如仰视角度，可以将一些常见花朵，拍摄出新意。

另外，在表现大片花朵时，可以采用重复突出气势。视角上可以采用俯视或者平视的角度拍摄。

不论采取那种拍摄视角，都要以表现花卉的特点为主，形成艺术感。同时，通过不断新的尝试来寻找最理想的角度，做到有所突破与创新。

▲焦距21mm　光圈F8　快门速度1/200s　感光度100
马路边很常见的花草，变换一个拍摄角度，会有意想不到的效果

影调与层次

影调指的是画面中被摄体受到光线照射所形成的明暗变化和色彩层次。拍摄花卉，光线的变化直接影响到画面的影调。顺光下拍摄的花卉，给人以明朗、纯洁、轻快的感觉，同时，也因光线和环境的变化，而缺乏层次；逆光下的花卉，影调层次较为丰富，质感强烈。用逆光拍摄，影调较暗。用侧光拍摄，叶片和花瓣上会有明暗层次。粉红属浅色系，要表现浅色的花卉，宜用明快的色调。与之相反，深色的花卉，则适宜用深色的影调来表现层次和质感。总而言之，一幅作品若影调难看，就谈不上艺术性。

▲ 焦距16mm　光圈F3.2　快门速度1/160s　感光度200

粉色的花朵，适宜采用明快的色调表现花卉本身那种娇艳欲滴的美

▼ 焦距100mm　光圈F2.8　快门速度1/145s　感光度100

要善于发现花卉中的优美曲线

线条的提炼

线条在构图中起着十分重要的作用，如同人身体中的“骨架”，缺少“骨架”的身体就显得没有形状，缺乏美感。由于线条具有柔软优美、富有强烈的动感，在拍摄花卉之前，我们首先要分析被摄体线条的曲直、粗细、疏密、远近、高低、长短、主次、虚实等，利用这些形态不一的线条，善于有取舍地加以选择和利用，使线条在画面上既有对比，又配合得体。

虚实对比突出主体

“虚”和“实”是摄影构图和造型上常用的技巧之一。虚实结合的表现手法，在摄影艺术中有时能形成强烈的对比效果，从而突出主体。其主要是借助镜头的特性，通过控制景深达到虚化背景的效果。合理地运用虚实对比，不仅能突出主题，喧染气氛，增强画面的艺术效果，而且能够把画面中干扰主体表现的因素虚化掉。控制画面虚实的处理方式，原则不外乎虚中有实、实中有虚，虚实相辅、虚实有制。古有“实处易，虚处难”之说，就是应基于实处为前提，着力处理好虚处，目的是使主题形象更突出化、更艺术化。

6.1.3 花卉摄影的用光

光是摄影的灵魂，一幅优秀摄影作品，离不开光的塑造和表现。在花卉摄影的用光方面，影友们常有“顺光平，逆光阴，侧光润，顶光硬”之说。其含义就是：顺光照射下的花朵布光均匀，但质感平淡；逆光环境下的花儿虽然轮廓鲜明，但主体阴暗混沌；侧光中的花朵生动鲜活，质感丰富；而被接近垂直角度的光线照亮的花卉主体，则反差强烈，视觉感受较为苍白。

所以，应该尽量避免在正午的直射阳光和光源强度较大的光线条件下拍摄花卉。光线柔和，散射光源丰富时，才是最能展现花朵唯美影调和细腻质感的时候。当然，有条件的话，利用柔光伞遮挡或用反光板进行二次折射，都不失为创造良好光线条件的办法。

顺　光

当光源从正面照射被摄体，这种光线我们称为顺光，顺光在花卉拍摄中，能够使被摄体色彩更加饱满，虽然这种光线拍摄花卉时，光线均匀，色泽艳丽，成像清晰，画面令人感觉明亮，但立体感较差，缺少明暗变化，画面平淡、缺乏神韵。

◀ 焦距200mm　光圈F2.8　快门速度1/120s　感光度100
背景虚化，可以更好地突出主体

▼ 焦距105mm　光圈F5.6　快门速度1/160s　感光度200
顺光拍摄，花卉色彩艳丽，但没有明暗变化，缺乏立体感

逆光与侧逆光

逆光与顺光正好相反，光线正对镜头照射过来，也就是从被摄体后面照射。逆光拍摄花卉，可以让花朵通透亮丽，从而产生一种特殊的韵味。

侧逆光是介于侧光和逆光之间的一种光线，具有侧光和逆光的特点，在拍摄花卉的时候，侧逆光是经常使用的一种光线。这种光照条件下，花卉会有一种立体感。

▲ 焦距200mm　光圈F2.8　快门速度1/640s　感光度200
逆光拍摄的花卉，花瓣通透亮丽

▲ 焦距85mm　光圈F7.1　快门速度1/200s　感光度320
侧逆光拍摄的花卉立体感很强

侧 光

从侧面照射到被摄体上的光线，我们称之为侧光。侧光在花卉拍摄时的运用，常常使花卉富有生气和立体感。在侧光下花卉色彩饱满，半明半暗的过于折中的影调和层次使对比更加强烈。此外，花卉在侧光下自然形成的阴影，可以达到压暗背景，突出主体的目的。

▲ 焦距180mm 光圈F4.5 快门速度1/640s 感光度200
侧光的使用，让荷花的花瓣色彩饱满，立体感增强

顶 光

从被摄体上方直射下的光线，称之为顶光。顶光多在中午前后时分出现，这种光线投射在花卉的顶部，正面受光少，立体感欠缺，画面反差大，花卉的下半部缺乏细节层次，花卉色彩还原效果差，色温较高，照片容易偏蓝，多数情况下顶光拍摄花卉多不被采用。

▶ 焦距16.4mm 光圈F8 快门速度1/640s 感光度100
拍摄花卉很少使用顶光

散射光

阴天或者雨后，阳光被空中的云彩遮挡，不能直接投向被摄者，被摄者依靠天空反射的散射光线作照明，这样就不会形成明显的受光面和阴影面，也没有明显的投影，光线效果比较平淡柔和。这样的光线拍摄花卉，因为受光面均匀，没有明显的阴影，画面影调柔和，反差适中。

◀ 焦距42mm　光圈F2.8
快门速度1/125s　感光度200
散射光拍摄花卉，影调柔和，反差适中

人造光

自然光与人造光的区别在于前者瞬间变化快，常因光照时间、季节、天气等自然因素使拍摄者难以掌控，后者具有易控制，较稳定的优势。在室内或摄影棚拍摄花卉，基本上都采用辅助光源来拍摄。

◀ 焦距16mm　光圈F5.6
快门速度1/320s　感光度200
这幅作品拍摄的桃花就是通过事先准备好的黑色绒布作为背景，利用白帜灯泡的光照，获得满意的照明效果

6.1.4 花卉摄影的背景选择

花卉摄影中，除了光线对花卉的表现起着至关重要的作用外，背景同样也起着美化画面和映托主体的重要性。户外花卉的背景，从背景物的选取上分，有本体背景、环境背景和人工背景；从背景处理效果上分，有实体背景、虚化背景、抽象背景和影调（色调）背景。我们对其中常用的几种加以分析和研究。

本体背景，指的是以植株自身枝叶或同类植株的花、枝、叶作背景，而环境背景则以花卉周围的实地环境为依托，利用一切可能作为背景的物体，突出主体。人工背景顾名思义，就是利用背景纸或背景布等道具作为背景。

本体背景

本体背景是相对于虚化背景处理效果而言，主体与背景都具有清晰、具体的影像。在选择背景时，除注意距离外，要留心的是尽量不要有色彩与主体接近的物体存在，这样会分散主体的吸引力（除非刻意安排这样的效果）。所以在选择背景时，不妨多移动，通过不同角度去观察，选择最好的背景拍摄。

▶ 焦距25mm 光圈F8 快门速度1/640s 感光度100
形态美观的莲叶为背景，跟莲花很好地形成呼应

虚化背景

要想突出主体，常用的方法就是虚化掉杂乱的背景，如何在实拍中获得这样的浅景深效果呢？首先要开大光圈，通过大光圈，形成完美的背景虚化。其次就是利用长焦距来控制景深；第三，相机镜头尽可能的离主体近些，再近些；最后一点就是背景距主体要有一定距离，也就是越远越好。掌握了以上四点，在拍摄花卉时，面对背景杂乱，或画面中相同物体比较多，就可以采用此法，将背景物或次要物体虚化。

▶ 焦距150mm 光圈F2.8 快门速度1/60s 感光度100
大光圈产生的小景深将背景虚化，达到突出主体，简洁画面的效果

抽象背景

抽象背景是虚化背景的发展，在虚化程度上更为模糊。当原本杂乱的环境被完全处理成虚化游离的色块时，画面便变得优美而富有诗意。

影调（色调）背景

针对不同的花卉特点，利用周围的环境来烘托主体的表现，经过特殊的拍摄，让背景呈现不一样的色彩效果，对于影调背景，我们一般根据不同的花卉特征来合理调整背景，如周围的草丛、枝叶或白墙，天空等作为背景。此外，也可以利用电脑后期制作出特殊的色调背景。

纯色背景

如果花卉所处的环境杂乱，而手中的相机又不能达到虚化背景的效果，这时候我们可以采用纯色背景。可以巧妙利用身边的一些小物品：纯色的布料、背景纸甚至一件深颜色的衣服，都可以被我们临时借用来充当背景。

▶（上）焦距16mm　光圈F3.2　快门速度1/200s　感光度100
背景完全被抽象化，几乎为纯白色，主体突出，画面洁净

▶（中）焦距16mm　光圈F3.5　快门速度1/320s　感光度100
岩石的深色背景对主体黄色的小花有很好的衬托作用

▶（下）焦距72mm　光圈F2.8　快门速度1s　感光度100
这幅花卉作品的背景，只是一件很普通的黑色T恤，但给画面带来的效果却很明显

6.2 室内花卉的必备技法

花卉摄影不一定就要到户外拍摄，其实在家中、办公室、工作室等室内也能发现亮点。一盆花草，通过简单而普通的生活用具，都能用来拍摄花卉作品。而且，在观察与构思、布置与摆物的过程中，还能起到开拓脑力思维、提高审美能力，起到修身养性的作用。难怪有许多摄影师都喜欢拍摄室内花卉，那么在拍摄室内花卉上需要什么技巧呢?

首先要确定拍摄主体，配备与主体相关联的装饰物，拍摄时予以衬托或对比主体，当然，也不要一味地将陪衬物品堆砌在主体旁，颠倒主体与陪体之间的关系，比如拍兰花，可以通过选取一块黑色的背景布陪衬，剔除与主题不相关的物体，以此来突出来和表现兰草。

构图上应遵循“黄金分割”原理，画面要简洁，不妨多角度、多方位地去尝试。另外，需要注意白平衡，不同光线下的白平衡所产生的画面效果，将直接影响到照片的色调以及所表达的意境。一般来说不要选择自动白平衡。拍摄花卉时要看你用的是什么灯，对号入座选择白平衡模式即可。

室内拍摄花卉时，一定要使用三脚架，以便保证画面的清晰度，如果室内条件不允许时，也要考虑使用独脚架或倚靠物体支撑来保持相机的平衡和稳定性，尽量不要提高感光度，避免噪点影响画质。

室内的背景应选择单色，这样比较容易突出主体。一般来说，花色较浅的，最好搭配深色背景，花色较深的则适合浅色背景，色彩的搭配可以是对比的，也可以是和谐的。比如蓝色和黑色会产生对比的效果；粉色和蓝色会产生和谐的效果等。不论搭配何种颜色，一幅画面中最好不要超过三种色彩，否则会显得过杂，影响画面视觉效果。

室内拍摄花卉，光线的运用非常有讲究的。用光分为自然光和人造光，自然光比较柔和，拍摄出来的花卉效果非常不错，特别是在散射光线下。

▲ 焦距72mm　光圈F5.6　快门速度1/125s　感光度200
深色背景让红色的花朵更加鲜艳欲滴

室内拍摄花卉，还可以简单增加一些“人造光”以加强视觉效果。比如，利用手电筒、小台灯等，将这些光源布置成顶光或侧逆光，模仿太阳光投射到花卉的感觉，这样拍摄的花卉，能够更加突出主体。

另外需要提醒的是，永远别忘了准备一个小喷壶，在花朵上面随时喷一点水，整个画面会生动许多。

◀ 焦距145mm　光圈F2.8　快门速度1/10s　感光度100
拍摄这样的花朵，寻找一个合适的拍摄角度是关键，采用这样一种斜侧的视角，既可以让花朵完成展示在画面中，又不至于像俯拍视角那样单调

▼ 焦距145mm　光圈F2.8　快门速度1/5s　感光度100
室内拍摄花卉作品，一个手电筒就可以解决光照问题，一束光恰好打在花朵的中间，背景完全在黑暗中，主体突出，还可以营造一种神秘的气氛

6.3 户外花卉的必备技法

生活中，花儿可以说无处不在，因生长地域或气候环境的不同，花儿亮点炯异，各有长短。在户外拍摄花卉作品，除了常规的用光构图之外，还要考虑一些自然环境的因素，比如有风的时候怎么拍摄等。

6.3.1 脚架是个好帮手

眼下，有相当一部分摄影人一味的追求高端机、高像素，但往往拍回来的花卉经电脑放大后，发现主体都很模糊，分析后，才知道决定成像清晰的唯一条件就是稳定相机，尤其对于花卉摄影师而言，拥有一只稳固的三脚架往往要比拥有一台专业相机更显重要。因为，拍摄花卉，不同于拍摄竞技体育，需要瞬间的抓取，所以，做到画面清晰，品质优秀是对花卉摄影师最基本要求，俗话说：慢工出细活。如果走马观花，边走边拍，估计出佳作的几率甚微。另外，一些相机或镜头拥有防抖功能，但长时间手持拍摄，稳定性还是远远不够的。

6.3.2 微距拍摄注意焦点

微距拍摄花卉，是我们常用的技法。因为微距模式下，景深会比较浅，这时候要尤其注意焦点的位置，否则的话，很有可能得到的将是一张“绿叶清晰红花模糊”的废片。因为相机的显示屏比较小，浏览的时候如果不放大查看的话，很难发现类似的“跑焦”问题。

▶ 焦距145mm　光圈F2.8　快门速度1/120s　感光度100
微距拍摄花卉的时候，注意焦点的位置，注意“跑焦”现象发生

6.4 影友热爱的题材：荷花

荷花自古以来有“花中君子”的美称，古人曾用“出淤泥而不染，濯清涟而不妖”，来形容其坚贞、纯洁、无邪、清正的品质和素雅的性格，它的风骨和姿态体现着中国传统文化的精髓部分。所以每年盛夏季节，全国各地的摄影爱好者，都纷纷涌向荷塘，热衷拍荷。每年的6月~8月是荷花的开放期，每日晨开暮闭。荷花多生长于湖畔、池边，也有栽培在庭院盆内的，花的颜色也很多，一般我们常见的颜色有粉红色、白色和红色，掌握了荷花的特征和习性后，下面就介绍一下拍荷前的准备工作和几点注意事项。

荷花是我国的传统名花，在我国许多城市都推举荷花为市花，且形成大规模栽培，如山东济南、河南许昌、广东肇庆、江西九江等。这些城市的荷花品种繁多，花色纯正，花期来临时，成片的开放，非常壮观，一般情况下，荷花离河岸距离都较远，也有部分城市的荷花养殖基地，为方便游客或摄影爱好者，提供拍摄点，与荷花近距离接触。

一天之中拍荷时间最好选择在清晨或傍晚。清晨，太阳刚刚升起来，光线较为柔和，而此时的荷花或荷叶上还散落着晶莹剔透的露珠，拍摄出来的荷花亭亭玉立，如仙子沐浴般，傍晚时分，也是拍荷不容错过的时段，虽然经过一天的日晒，大多数荷花显得有些萎缩，但逆光下金黄色的斜阳，在荷花上洒落一层薄薄的金箔，画面效果非常不错的。

单反相机是拍荷的必备器材，配以中长焦，无论是荷花的细节特写，还是大面积的荷花都能一网打尽。

三脚架虽然有点笨重，但最好还是要带上，因为池塘中多数的荷花还是离岸较远，手持相机无法拍摄出高品质的图片，所以要想获得高画质且细腻的图片，还是不要怕麻烦。

如果错过了最佳的拍摄时间，那就考虑准备一个喷壶，缺少滋润的荷花，总是显得不够完美，必要时还是喷洒一些水珠，让荷花更加水灵动人。

荷花年年开，年年拍，要想拍出新意，颇有难度，所以，前期在光线、构图等方面要把握好，后期制作时，要从数码图像本身的特点着手考虑后期再加工，通过特殊的技术手段，达到与众不同的画面特效。

焦距50mm 光圈F10 快门速度1/160s 感光度100

▲ 焦距48mm　光圈F5.6　快门速度1/320s　感光度100

荷花花朵较大，可以单独对花体补光，暗部的荷叶和背景被成功分离

▲ 焦距50mm　光圈F2.8　快门速度1/4000s　感光度200

拍摄荷花，不一定都要拍摄完整的花朵，像这样残缺的美也是很好的表现题材

焦距48mm　光圈F4.5　快门速度1/250s　感光度100

寻找不同的拍摄角度，巧妙利用荷叶的搭配，可以达到类似“犹遮琵琶半遮面”的效果

6.5 影友热爱的题材：油菜花

油菜花是最容易栽培的农作物之一，所以油菜在我国分布极广，从南到北，花期从1月到8月次第展开，花期长达30天。其中以江西婺源的油菜花名闻遐迩，2009年，人民网旅游频道曾推出“中国最美油菜花海”评选活动，共有全国15个知名油菜花观赏地区参与评选，陕西汉中成为中国最美油菜花海，评选排名第2至第6位的分别是江苏兴化、湖北荆门、云南罗平、重庆潼南和青海门源。油菜花是摄影爱好者最热衷的题材之一，春天是踏青的好时光，也是摄影者爱好者拍摄油菜花的最佳时节，全国各地无数摄影人从四面八方涌向安徽、云南、江苏、江西等地拍摄油菜花。

拍摄油菜花，对相机有一定的要求，建议使用单反相机，主要是从画质方面去考虑，因为表现油菜花要从细节方面入手，这就要求在清晰度上下功夫，避免使用高感光度所带来的噪点问题。由于油菜花适合与周围的环境结合，才能更好地表现，所以拍摄时，根据不同的场景，合理地选择好构图，通过周边的环境来更好地体现。具体可以从色块、层次和线条上去把握，拍摄时，宜选择散射光来表现油菜花的颜色，过于强烈的光线，会造成光比过大，散射光比较柔和，反差小，油菜花的色泽饱和度达到最佳。

▼ 焦距35mm　光圈F5.6　快门速度1/60s　感光度200
金黄色的油菜花配上当地比较有特色的民居，画面层次感增强，也赋予作品一定的文化色彩

从影友拍摄的油菜花作品中，很难看到单独来表现油菜花的作品，基本上都是通过与周围的环境和气候来表现，如民居、地貌、江河、云雾等作为陪衬，通过深浅不同的影调变化，相互辉映。

◀ 焦距24mm　光圈F13　快门速度1/200s　感光度100
不只可以拍摄大片的油菜花，单独一株也别有韵味

▼ 焦距40mm　光圈F16　快门速度1/45s　感光度100
散射光比较柔和，反差小，油菜花的色泽饱和度达到最佳

6.6 创意花卉

花卉作品是大家经常涉及的一个拍摄题材，拍的人多了，对作品的要求也就相对较高。如果只是把花卉拍得漂亮唯美，还不足以让人拍案叫绝，如何将花卉拍出新意、独特，是花卉摄影更高的一个层次。

要拍摄一些创意花卉，其实只要我们多动动脑筋，日常生活中一些随处可见的、就地取材的道具，也可以充分发挥作用。比如可以在镜头前加装一块涂上凡士林的玻璃，拍摄出朦胧画意的花卉作品，以前还有朋友用冰箱里的冰块做道具，拍摄出视觉冲击力很强的冰花。当然，数码后期技术给了我们很广泛的创意空间，前期拍摄完的作品，后期可以在摄影软件中进一步再创作。

▲ 焦距72mm　光圈F3.2　快门速度1/140s　感光度160

这是作者在大街上的玻璃橱窗中拍摄到的花卉作品，朦胧飘渺的意境，很有一番雾里看花的感觉。这是作者巧妙利用了橱窗外的玻璃作为花卉拍摄的道具，恰巧花朵背面是橱窗的照明灯，逆光照射下，一幅独特的创意作品脱颖而出

07

宠物摄影

宠物摄影的器材
宠物狗的拍摄技巧
宠物猫的拍摄技巧
宠物摄影的构图
宠物摄影的用光

7.1 宠物摄影的器材

如果要给宠物拍照，器材的准备工作是必不可少的。由于宠物的个性特点都是相对活泼、好动且基本不会听懂指令，所以对器材的要求就比较高一点。尽量选择对焦速度快、连拍性能强的高性能数码相机。由于近几年数码相机的更新速度非常快，现在购买一套可以用于宠物摄影的数码单反相机已经不再是遥不可及了，一般来说，市面上五六千元一套的数码单反相机就完全可以用来拍摄宠物了。

7.1.1 相 机

现在大多数的数码单反相机，都可以拍摄用来拍摄宠物，数码单反相机由于具有可换镜头并且拍摄间隔短、对焦速度快的特点，在拍摄宠物的时候会更加得心应手。例如尼康的D90，佳能的500D，索尼的α550等，这一类入门到中端的数码单反相机适合于初学者使用，但是性能上完合可以胜任宠物摄影的要求。

▲ 佳能EOS 500D相机

如果经济条件允许的话，高端的摄影器材当然是更好的选择。专业级别的器材相对于中端器材，在各方面都有着相当大的优势，对焦更快速、连拍性能更优越以及较暗环境下的成像质量等。例如：尼康的D300S，佳能的7D等，此类高端摄影器材更是拍摄宠物的得力助手。更高端专业器材例如尼康的D3系列，佳能的1D系列和索尼的α900，这些专业级别的器材当然是可以拍摄出更佳的照片，但是由于售价高，不做家庭使用之推荐。

7.1.2 镜 头

由于宠物有着活泼好动的特性，所以我们在拍摄的时候通常无法离宠物们太近，所以尽量选择长焦镜头，焦距在80-200mm为最佳。在镜头的选择上，尽量选用带有超声波对焦马达的镜头，例如尼康的AF-S镜头以及佳能的EF镜头。由于搭载了超声波对焦马达，可以实现更快速并且更静音的对焦。

▲ AF-S 尼克尔 70-200mm f2.8G ED VR II镜头

7.2 宠物狗的拍摄技巧

随着人们生活水平的提高，越来越多的宠物开始走进千家万户，人们也已经习惯把宠物当作家庭的一份子来对待了。除了日常的洗澡、美容、食品、用品等，给宠物拍照而是必不可少的生活内容。拍摄宠物，其实不是一件简单的事情，毕竟跟宠物的沟通比人要难得多。

7.2.1 寻找合适的场地

先来说说宠物狗的外拍。由于狗比较听话，和人也比较容易相处配合，带到室外的草地上拍照是再合适不过的了。首先我们要找一块干净的草地，让狗自由地玩耍，然后就可以随时抓拍它们玩耍的画面了。在这里值得一提的是一定要找一个安静些的地方，一来避免过往的人较多打扰到狗，二来也是为了避免狗对其他行人造成惊吓或伤害。

▲焦距135mm　光圈F4　快门速度1/180s　感光度100

户外安静的草坪，是拍摄狗的最佳场地

7.2.2 等待时机抓拍

宠物狗在家里面的时间比较长，一遇到草地一般都会异常地兴奋，到处撒欢跑来跑去，这个时候想拍出清晰的照片是相当难的，由于运动速度快，拍摄很难顺利进行。最好先不要拍，跟狗一块儿玩耍一会儿。狗玩得有些累了，就开始慢慢地安静下来了，动作也会相对慢下来许多，这个时候你就可以自如地抓拍了。

▲ 焦距100mm　光圈F4.8　快门速度1/250s　感光度100
等狗玩累了，安静下来后可以抓拍到清晰的照片

7.2.3 长焦镜头虚化背景

使用镜头的最长焦端虚化背景，尽可能地制造浅景深效果，这样会更加突出狗的形态和表情。使用大光圈拍摄，可以有效地提高快门速度，保证照片的精度。同时，狗半时在家里喜欢的坑具和零食，也是吸引狗的好工具，在拍摄的时候带上，一定会有很大的帮助。

▲ 焦距170mm　光圈F4　快门速度1/125s　感光度100
用镜头的长焦端并尽量开大光圈，可以制造浅景深效果，虚化背景

7.3 宠物猫的拍摄技巧

说完了狗的拍摄，再来说说怎么样拍猫。不过拍猫可不太容易，因为猫都不会很听话，并且生性胆小，对陌生的环境会害怕，所以拍猫一般不能带到室外去拍。室内环境的光线要比室外暗很多，所以一定要有一支大功率的闪光灯，要不然在室内你很难拍到清晰的照片，必要的时候，还要使用三脚架来保持相机的稳定。

7.3.1 熟悉猫的生活习性

猫的生活习性通常是白天睡觉，快到晚上的时候开始活跃起来，虽说现在家庭里的宠物猫有的已经渐渐失去了这种特有的习性，不过大多数猫还是在遵循着这个规律的。由于室内环境和室外有很大区别，尽量使用长焦端和尽量开大光圈是不错的选择，可以虚化掉杂乱的背景，使猫在画面中更加突出。

很少有人能拍摄到运动中的猫，这是因为猫的敏感度相当高，动作也非常快。所以拍猫一般都是拍摄静止中的猫，在这种情况下，可以将对焦模式调到S档（单次对焦模式），待猫静止的时候，半按快门对焦，然后构图，最后释放快门，这样能够保证对焦的准确性和照片的清晰度。

▶ 焦距158mm 光圈F2.8 快门速度1/83s 感光度800

运动中的猫很少能拍到，要随时等待猫静止时候抓拍

7.3.2 吸引猫的注意力

在拍摄的时候，吸引猫的注意力也是很重要的一个环节。在即将拍摄的时候突然弄出一个很大的声响，会马上吸引住猫的眼神。在猫被吸引的时候，会有一小段时间停住不动，睁大眼睛竖起耳朵来查看究竟，这样的时刻就是拍摄的最好时机了，只要你相机运用得当，在这个时候完全可以拍摄出非常好的作品了。

▲ 焦距196mm　光圈F4.8　快门速度1/108s　感光度320
先半按快门锁定焦点在猫的眼睛部位，之后再调整相机构图

▲ 焦距110mm　光圈F4　快门速度1/125s　感光度100
制造一点声响，会捕捉到猫很生动的形态

7.3.3 不要直接对着猫闪光

在室内使用闪光灯的时候要注意一个问题，猫的瞳孔和人的瞳孔结构不一样，猫的瞳孔要比人的大很多。如果闪光灯直射光的话，猫的眼睛会产生很强烈的反光。所以在拍猫的时候，闪光灯一定要采用反射光，也就是说将闪光灯的灯头朝天棚打光，利用光线的反射原理，达到照明的目的。这样的拍摄方法同时也带来了另一个问题：光线的强度经过反射大大降低。这时就要重新调整曝光参数组合。

我的经验是在正常测光的情况下提高二挡光圈，放慢二挡快门速度。比如说相机正常的测光是F5.6，速度为1/125秒，那么在使用反射光的时候，就可以调整为光圈F4，快门速度1/60秒这样来获得正确的曝光。闪光灯最好使用原厂闪光灯，优点是回电快，可以连续闪光，拍摄的成功率就会大大提高。

▶ 焦距135mm 光圈F3.2 快门速度1/50s 感光度100

闪光灯不要直接对着猫闪光

7.4 宠物摄影的构图

通常来讲，宠物摄影的构图也应该遵循“黄金分割构图法”的原则，即将画面中的主体安排在画面的黄金分割点上，不过由于宠物摄影有着它的特殊性以及不可预见性，所以可以采用将主体安排在画面中心的构图方法以确保对焦和测光的成功率，然后在后期处理的时候再裁切画面进行构图。不过在采用这种方式构图的时候，一定要注意画面要留有充分的空间，以便后期裁切。

▲ 焦距200mm　光圈F6.7　快门速度1/750s　感光度100
前期拍摄的时候尽量留有富裕的空间，以便后期裁切进行二次构图

7.4.1 为宠物视线的方向预留空间

拍摄宠物，有时候跟人像创作一样，在宠物视线方向上，尽量预留出空间，这样可以使画面更和谐，观看起来更舒服，同时也能更加突出前景绿绿的草地。

▲ 焦距145mm　光圈F3.3　快门速度1/125s　感光度100
在宠物视线方向上要尽量留出空间

7.4.2 保持合适的机位

在拍摄狗的时候，一般来说人的身高要比宠物高很多，站着拍摄的话大多是一种俯视的角度。如果我们变换一种方式，蹲着或者趴在地上，尽量将相机保持与狗等高的位置，这样更有利于拍摄到狗的眼神和表情。

▲ 焦距145mm　光圈F5.6　快门速度1/350s　感光度100
趴在抵上拍摄，会捕捉到狗很生动的眼神和表情

7.4.3 意想不到的画面

很多时候我们会在拍摄中遇到这样的情况——狗会将头伸过来闻我们手中的相机，偶尔我们会捕捉到这样意外的画面。不过要注意的是，拍摄这种画面要采用广角镜头。

◀ 焦距12mm　光圈F7.1　快门速度1/250s　感光度100
偶尔我们会捕捉到这样比较有意思的画面

7.5 宠物摄影的用光

由于狗的拍摄通常都是在室外，光线充足，所以在光线的运用方面就有着比较大的优势。需要注意的是尽量采用顺光拍摄，保证被摄主体在光线照射范围内，这样的光线有助于提高快门速度，并且光线比较平均。光线比较强烈的中午是不适合拍摄的，由于太阳很高，会造成宠物的面部产生大量的阴影。通常阴天或者多云的天气最适合狗的拍摄。

在早晨太阳刚升起的时候，或者是黄昏太阳将要落下的时候，由于光线不是很充足，但是颜色非常暖，可以尝试拍摄剪影类的照片，也会非常吸引人。

▲ 焦距110mm　光圈F4　快门速度1/250s　感光度160
阴天或者多云的天气，适合在户外拍摄狗

▲ 焦距200mm　光圈F3.3　快门速度1/125s　感光度100
中午强烈阳光的照射下并不适合给狗拍照，因为会造成很多阴影

08

静物/美食摄影

静物/美食摄影的器材
静物/美食摄影的背景打造
静物/美食摄影的角度选取
静物/美食摄影的用光技巧
静物主题摄影：蔬菜瓜果
静物主题摄影：汽车
静物主题摄影：数码产品
静物主题摄影：服装
静物主题摄影：玻璃器皿
静物主题摄影：珠宝首饰
静物主题摄影：水珠

8.1 静物/美食摄影的器材

拍摄静物作品，如果是专业的商业摄影师，无论是相机、镜头还是灯光方面，要求都比较高。如果我们只是业余爱好，但也想拍出不错的静物作品，也有可以替代的工具。只要我们合理利用身边的道具，也能拍摄出相对不错的静物作品。

8.1.1 数码单反相机和镜头

静物摄影对画质的要求比较高，因此，配备一台数码单反相机是最基本的要求。相机方面，尽量选用高像素的相机用最高像素来进行拍摄，这样可以给后期裁切留下余地。由于静物都是静止的物体，所以对相机的对焦以及连拍速度方面的要求是非常低的，甚至可以不需要连拍。所以在选择器材的时候可以不考虑更加优良的连拍性能，只要选择成像优异的相机就可以了。

拍摄静物作品，在镜头选择方面，一支24-70mm的变焦镜头，足以应付绝大部分静物题材。不过如果想拍摄珠宝首饰或小型物品，可专门准备一支100mm的微距镜头。

▲ 一款1000万像素以上的单反相机足以满足大部分静物拍摄需要。

▲ 著名的佳能“百微”镜头，适合微距静物摄影。

8.1.2 三脚架

三脚架可为相机提供稳定的支撑，对于需求高画质的静物摄影而言，三脚架是必备器材之一。其价格因品牌和材质的不一样，价格在几百元到几千元不等。对于静物摄影而言，因为只是室内使用，可以不考虑三脚架的重量，性价比高、稳固性好的产品可以优先考虑。

8.1.3 静物箱或静物台

如果是特别喜爱或长期拍摄静物的朋友，可考虑购买一个静物箱，它可以有效地解决没有柔光罩的问题，同时还备有多种颜色背景选择，灵活度很高，对于提高静物拍摄的质量有很大帮助。如果只是偶尔拍拍，在家里找个高度合适的桌子，也可以替代静物台。

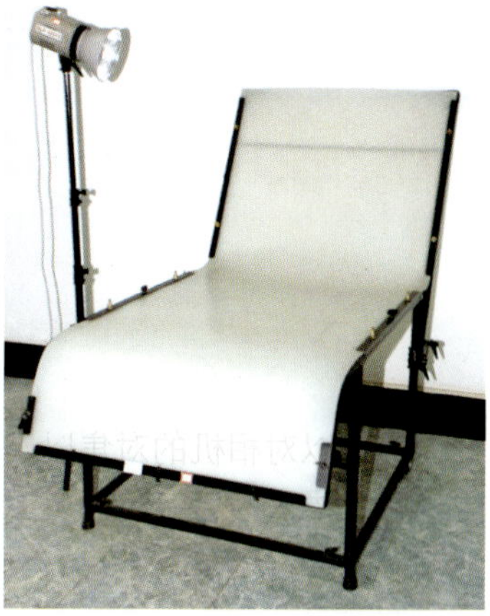

▲ 专业影室中的静物台

8.1.4 工作台灯

如果是专业拍摄静物，对于拍摄时的灯光要求比较高，相机的机顶灯是完全无法满足需要的，外接的闪光灯同样不会为拍摄带来任何的帮助。所以，一个大功率的影室灯是最佳的选择了，再搭配上一块反光板就基本符合拍摄菜品的要求了。所以说拍摄静物对器材的要求很严格，有的时候昂贵的器材派不上用场，价格低廉的合适器材却能发挥出相当大的威力。

不过影友如果只是自己在家拍摄静物，可以不用配备很专业的影棚灯，可以用别的灯具替代。为了最大程度地模仿专业静物摄影环境，我们可以购买一个或两个可自由调节支杆的工作台灯和带夹子的床头灯，这样就可以按照需要随时调整各种组合光源。

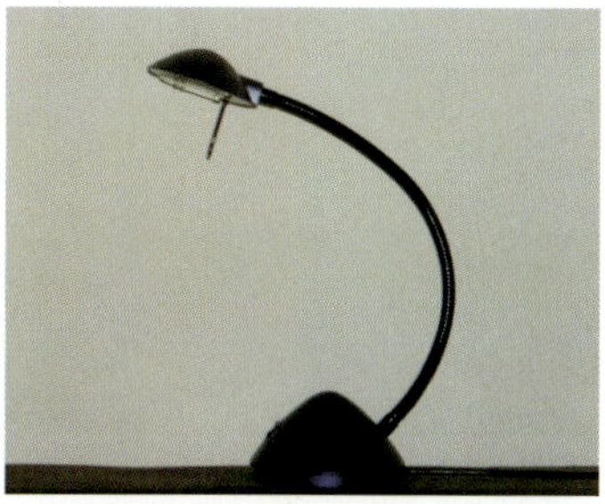

▲ 可以调节支架的台灯拍摄静物更方便

有一点需要注意，由于静物摄影对光照的要求很高，所以我们要额外购买台灯所能支持的大瓦数节能灯泡，一般来讲，11W以上会比较好。

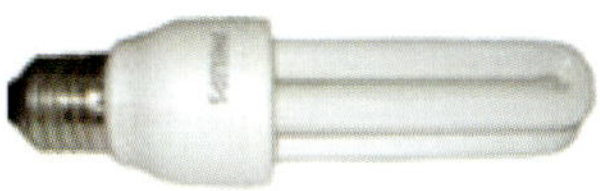

▲ 节能灯泡选择11W以上的，根据需要择冷暖两种不同光源

8.1.5 其他小物件儿

静物摄影还需要准备一些小物件儿，比如一块柔软的麂皮用来擦拭物体表面，尤其是一些带有金属表面的物品，以免指纹和灰尘影响最终的拍摄质量。一个喷水壶，可以让水果或者蔬菜更加清脆欲滴。这些物件儿的准备，要根据实际拍摄需要，发挥你的想象空间。

◀ 小喷壶

8.2 静物/美食摄影的背景打造

拍摄静物或美食的时候，重要的不光是静物菜品本身，合适的环境更能增加照片的精彩程度。一款静物或一盘菜品出现在它应该存在的环境中，是符合规律的搭配。不过由于我们主要是拍摄静物或美食这个主体，所以建议将背景尽量虚化掉，以突出最精彩的部份。如果选用单一颜色的背景布或背景纸，也可以将主体的最精彩部份突显出来；如果背景的颜色和质地比较丰富，也可以适当地多突出一些背景来增加画面的视觉效果，这些都是视具体情况而定的。

8.2.1 环境背景

将环境作为背景的选择，首先是环境要足够漂亮。不够漂亮的环境不要作为背景来使用，那样会破坏画面整体的效果。

▲ 焦距59mm 光圈F19 快门速度1/125s 感光度100
尽量选择同一菜系中的另一盘菜当背景，这样整个画面会比较协调

有一种方法比较可行，比如在拍摄一盘菜品的时候，可以用另一盘菜品作为环境背景，让它们一同出现在画面中，既能让画面更充实，又不会使菜品和背景脱离。不过这种方法需要注意的是，主体和背景的菜品，一定要是同一类型的，否则会很不搭配，影响效果。

还需要注意一点的是，在使用环境背景的时候，尽量使用大光圈虚化背景，形成虚实对比，这样才可以更加突出主体。

▶ 焦距59mm 光圈F16 快门速度1/125s 感光度100
大光圈尽量虚化背景，以突出需要表现的主体

8.2.2 纯色背景

选择纯色背景来拍摄静物或美食也是常用的方法之一，这种背景有优点：色彩单一、干净，绝对不抢主体的风头。不过在拍摄的时候需要注意的是，一定要让纯色背景在整个儿画面中占尽量少的面积，过多的纯色背景在画面中会显得画面太单薄，内容不丰富。

纯色背景可以用背景布或者背景纸来实现，也可以利用光线的明暗打造一种纯黑的背景，用侧逆光加补光来实现，利用光线的方向原理，只将主体的静物或美食照亮，背景并不受光，这样一来暗部的背景就变成纯色的黑了。

▲焦距59mm 光圈F19 快门速度1/125s 感光度100

光线只照射在菜品上，暗部的背景呈现纯黑，可以达到纯色背景的效果

在拍摄珠宝首饰这类静物时，一个单色的丝巾或者手绢，也可以打造纯色背景效果。拍摄的时候，尽量将丝巾摆放出一定皱褶的造型，主体放在皱褶中间，可以营造一种雍容华贵的效果。

◀ 焦距120mm　光圈F5.6　快门速度1/80s　感光度100
一个普通的丝巾充当背景，可以营造一种华丽的氛围

▼ 焦距59mm　光圈F19　快门速度1/125s　感光度100
使用背景布或者背景纸可以打造纯色背景

8.3 静物/美食摄影的角度选取

拍摄静物美食照片，不同的拍摄角度，会带来完全不一样的画面效果，所谓横看成岭侧成峰，也就是角度的问题。具体拍摄的时候，往往需要从各个不同角度去尝试，尤其是采用一些与平时观看习惯不一样的视角，会得到更新颖独特的作品。

8.3.1 斜 视

在拍摄菜品的时候，由于受到摆放的局限，从拍摄角度来说，采用最多的就是向下30° 至45° 角的这个角度，这种角度可以覆盖到整盘菜品，又可以选择局部来进行特写拍摄，是拍摄菜品最常用的视角。

8.3.2 平 视

平视的角度在菜品拍摄中也经常用到，通常用来拍摄菜品的某一个部份，相机的位置跟菜品在同一个水平位置。

▶ 焦距59mm 光圈F13 快门速度1/125s 感光度100
倾斜的视角，经常在美食摄影中运用，这种角度既能完整表现整个菜品，又不至于太呆板

▼ 焦距59mm 光圈F13 快门速度1/125s 感光度100
平视的角度经常用来表现菜品的某一个部分

▲ 焦距100mm 光圈F5.6 快门速度1/75s 感光度100

8.3.3 俯 视

而垂直的视角通常用来拍摄菜品的整体布局或摆放，这种视角没有什么难度，只要根据合适题材来拍摄就可以了，不过这种视角不宜过多使用，每一道菜品甚至每一组菜品，采用这种角度拍摄一、二张就可以了。

◀ 焦距60mm 光圈F13 快门速度1/125s 感光度100
垂直视角一般主要表现菜品的布局或摆放

8.3.4 微距视角

在菜品的拍摄中，微距的应用是相当广泛的。微距的作用在于从整盘菜品中选择最精彩的部份进行拍摄，同时也会极大地增加画面的层次感，更有利于表现菜品的特点。可以说微距在菜品摄影中，所占的比例是极大的，很多菜品都需要从整盘中选择精彩的部份进行突出拍摄，这个时候微距是必不可少的。

▲ 焦距31mm 光圈F11 快门速度1/180 感光度100
微距对于突出菜品的局部细节，有很好的表现

▲ 焦距60mm 光圈F13 快门速度1/125 感光度100

8.4 静物/美食摄影的用光技巧

静物美食摄影中，用光的技巧多种多样，每一次轻微的灯光调整都可能会带来完全不同的效果，在这里，向大家介绍几种常用的灯光技巧。不过，用光方面并没有一个成规，只要最终画面效果达到了，都是可以的。

▲ 焦距60mm　光圈F18　快门速度1/160s　感光度100

这幅采用柔光拍摄的作品，画面中几乎看不到主体阴影的存在，菜品的本身色彩得到了非常好的体现，画面干净，整洁

8.4.1 柔　光

以柔至上，是摄影用光的最基本技巧，静物美食的拍摄同样不例外。柔和的光线会让画面的明暗更加均匀，去掉画面中的阴影，还原物品的自身颜色。要注意的是，如果想采用柔光来进行拍摄，那么就一定尽可能地让光线更匀一些。要消除阴影就消除得更彻底一些。

8.4.2 正面光

正面光，顾名思义就是在拍摄的时候，光线从拍摄者的方向射向被摄体，这原本是摄影用光中的大忌，不过在静物美食拍摄的时候，却可以利用这种布光的特点来拍摄。需要注意的是，一般采用这种布光方式，大都是在进行附视拍摄的时候，不会在画面中留下明显阴影的时候才采用。同时要强调的是，即使是正面光，也不是绝对的正面打光，还是要有一些偏移的效果才好。

左面的这幅照片就是采用了正面打光的方法进行拍摄，由于是在主体的正上方拍摄，所以正面光不会给主体带来过多的阴影，却能够忠实还原各种色彩。

◀ 焦距60mm　光圈F13　快门速度1/125s　感光度200

正面光拍摄一般采用俯视的角度，这样可以避免阴影的形成

8.4.3 侧 光

最常采用的就是侧面打光的方式了，这种打光方式可以为画面带来强烈的阴影效果以及明暗对比效果。在静物美食的摄影当中，侧光一般都是指侧逆光，顺光是不适合拍摄菜品的。侧逆光的布光方法基本上适合任何的题材，只要需要画面中的阴影效果，就可以采用侧逆光的布光方法。

在选择侧逆光拍摄的时候，最好搭配一块反光板来进行补光。由于单一方向的光线会造成很大的阴影，所以用反光板对阴影部份进行补光就会降低主体的阴影范围，并且保留侧逆光所带来的阴影效果了。

▲ 焦距59mm 光圈F9.5 快门速度1/125s 感光度100
侧逆光拍摄，也需要反光板补光，以减少阴影的范围

8.4.4 逆 光

采用逆光拍摄，可以将一些比较薄的、能透光的静物或美食拍摄出半透明的效果。另外，逆光还可以进一步压暗背景或者使背景变成一片漆黑，进而来突出主体。不过在采用逆光拍摄的时候，同样要有一块反光板来进行补光。这里需要注意的是，在采用逆光拍摄的时候，拍摄主体最好是可以透光的。第二就是在使用反光板的时候，要把反光板所反射的光线做为主要光源来使用。因为影室灯的光线全部都用在压暗背景上，这个时候反光板所反射的光线作为照亮主体，就显得更为重要了。

◀ 焦距59mm 光圈F11 快门速度1/180s 感光度100
逆光拍摄薄的菜品，可以达到一种通透的效果

逆光拍摄的确可以将静物或美食的质感最明显化，但是相对而言会会产生一些小麻烦，例如光比过大，色泽发灰、对于静物或美食的整体色彩效果表现稍差等，所以这种照明方式适合于小、薄、透的静物或美食，对于形体较大的主体，采用逆光要谨慎。

▶ 焦距59mm 光圈F13 快门速度1/125s 感光度100
逆光拍摄，也需要反光板补光，反射光主要用来照亮菜品的主体

8.5 静物主题摄影：蔬菜瓜果

蔬菜水果在我们日常生活中随处可见，因为其艳丽的色彩，优美的造型，所以是非常好的静物拍摄题材。拍摄蔬菜水果，我们先要从选材上着手。拍摄之前，我们最好在市场买来新鲜、色彩鲜艳的，没有瑕疵的蔬菜瓜果。为了表现瓜果的新鲜感，提前准备一个小喷喷壶，拍摄的时候喷点小水珠，画面效果会更好。

素材准备齐全了，接下来我们要开始做造型。不同颜色、不同形状的瓜果，要进行合理搭配。具体操作的时候可以多尝试几种造型，最终看看画面效果。

在色彩搭配方面，采用对比色可以很好地吸引人的视觉，比如红色的西红柿和绿色的青椒，黄色的香蕉和紫色的甘蓝等。在形状搭配方面，注意圆形的尽量和方形或柱状瓜果搭配，松散的菜叶尽量和整齐的瓜果摆放一起，以避免单个主体的形状单调；摆放的时候，利用镜头的近大远小，合理安排大小不一的瓜果蔬菜的位置，一般来讲，外形越小的蔬菜瓜果，离镜头更近一些好。

▲ 焦距48mm　光圈F11　快门速度1/125s　感光度100
蔬菜水果是我们在影室内经常遇到的拍摄题材

8.5.1 选择合适的视角

不同品种的瓜果蔬菜，形态各异，寻找合适的拍摄角度，可以充分展现瓜果蔬菜的线条和形状。一般像香蕉这种形状的水果，充分利用它本身的排列来构图，拍摄时候可以多变换几种视角，会有意想不到的结果发现。

▶ 焦距38mm 光圈F8 快门1/400s 感光度400
香蕉都是以束状排布在一起的，拍摄时可以对此特点进行着重表现。运用稍低的角度侧向拍摄，可以发现一支支香蕉排列的秩序，同时上面点缀着几颗红红的圣女果，丰富了色彩的同时极大程度的活跃了画面，让水果看起来富有灵气

▶ 焦距38mm 光圈F8 快门1/800s 感光度400
普通角度进行拍摄，无法将香蕉特有的美感表达出来，照片流于平淡

8.5.2 简洁的背景

在拍摄瓜果蔬菜照片时，我们要注意主体后面的背景。由于瓜果蔬菜本身的色泽已经非常饱满，背景就应当尽量简洁，这样不仅可以有效地突出主体，还可以让画面清晰自然。

另外，在拍摄此类题材时，背景的颜色尽量使用单一色调，同样是因为水果自身会有艳丽的色泽，如果选择的背景色彩过于繁多，会干扰水果本身色彩，使画面有画蛇添足之感。

▲ 焦距100mm　光圈F20　快门速度1/250s　感光度100
单一的深色背景很好地配合了画面主体的色调，并且简洁了画面，达到突出主体的目的

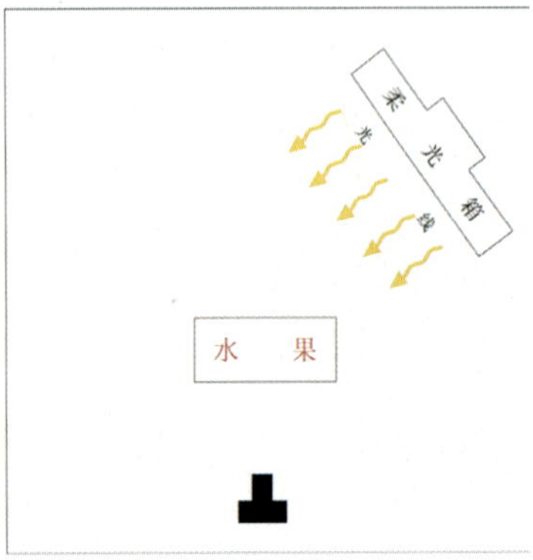

▲ 示意图

上面的照片是摄影师在影室内拍摄的樱桃作品。通过左边的光线示意图我们可以清晰地看到，摄影师只使用了一盏柔光箱作为照明光源，从水果的侧上方照射。

从图中可看到，樱桃的色彩已经非常艳丽，在背景的选择上，摄影师使用了单一的深色系，很好地配合了画面主体的色调，并且通过对光线的布置，让主体若隐若现的出现在影像中，营造了一种神秘且充满诱惑的画面气氛。加上柔光箱对光线的柔化作用，画面中的物体好像一部分出现在现实中，而另一部分消失在黑暗中。

8.5.3 简单实用的布光

在下面右图中，摄影师首先在水果的侧后方放置了一台柔光箱，通过侧逆光光线勾画出水果的轮廓，并且很好地衬托出果品的质感。主光布好后，在主光对面，放置了一块银色反光板。选择银色反光板是因为银色反光板反射能力较强，光线比较直接，可以有效地照亮主光留下来的阴影区域。就这样，一张新鲜的水果照片就拍摄完成了。

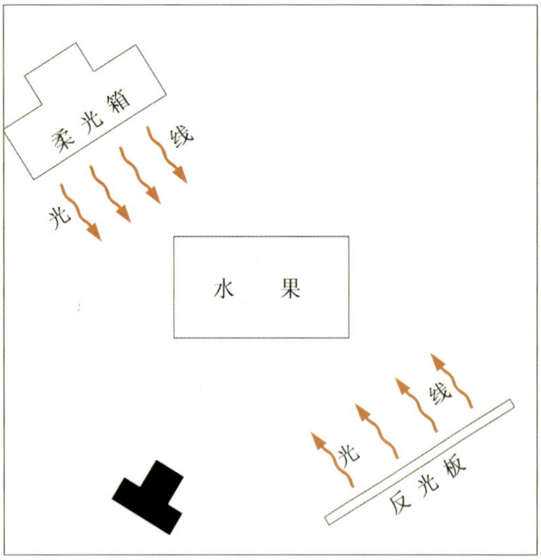

▲ 布光图

▼ 焦距63mm 光圈F4.5 快门速度1/125s 感光度100

▼ 焦距80mm 光圈F5.6 快门1/30s 感光度100

简洁的桌面作为照片的背景，画面中水果的主体地位无法撼动，同时利用桌面上特有的细小纹理，使得背景简洁又不单调

8.6 静物主题摄影：汽车

越来越多的影友都拥有了私家车，拍摄汽车，也是静物摄影的一大题材。在一些大型的车展和汽车展示大厅里，我们都能见到各大汽车商家展出的最新车型，这为我们拍摄汽车提供了很多机会。

如果是为自己的爱车拍照，拍摄之前，应该认真清洗一下车辆，并从外面进行抛光处理。这能让汽车在拍摄中展现出更好的效果。在完成这些准备工作之后，可以先来一张全景照片，适合展现汽车的全貌，或者作为博客炫耀的第一张图片。为此，最好使用80mm的焦距。这样，爱车的比例会真实地再现出来，同时背景也会变得轻微地模糊。

让车内配置一目了然

如果想从驾驶员或者副驾驶的位置拍摄汽车内饰照片，你需要使用24mm-40mm之间的广角镜头，并尽量避免使用闪光灯，因为闪光会产生阴影，影响画面质量。如果车内光线较暗，应尽量采取提高感光度数值的方法，避免画面变虚。

▲ 焦距4.3mm 光圈F3.3 快门速度1/30s 感光度80
采用广角镜头拍摄能让车内更多信息进入画面

突出表现汽车内饰质感

一些高档汽车，内饰非常精美漂亮，采用相机的微距功能，能突出表现内饰表面的质感。往往拍摄这样效果的照片，一个带有微距功能的卡片相机就能做到。拍摄这类照片时，光线的利用很关键，一般使用侧逆光或者侧光会更能突出汽车内饰的质感。

▲ 焦距4.3mm　光圈F3.3　快门速度1/500　感光度80
一款卡片相机的微距功能，就能拍摄出这样质感强烈的照片

广角夸张变形

有时候使用广角镜头拍摄某些汽车的局部，会得到夸张有趣的效果。拍摄这类照片的时候，注意画面的对称效果。一般拍摄某些另类汽车的正面图片时，会采用这种方法。

▲ 焦距4.25mm　光圈F2.4　快门速度1/60s　感光度160
用广角镜头拍摄，会得到一张很有趣的画面

巧妙利用现场光线

一般在车展或者汽车展示厅拍摄汽车照片的时候，因为是室内，光照情况比较暗，但又不能直接对着汽车闪光，因为这样会产生恼人的反光。但也不能是太柔的光线，这样会影响画面的质感。

这样的话，我们除了巧妙利用现场环境的光线之外。用一个外置闪光灯，在汽车某些标志性图标的地方局部闪光，会有不错的效果。

▲ 焦距10mm　光圈F5.6　快门速度1/30s　感光度200

用一个外接闪光灯放在机身下面引闪，直接打亮那个车标，变换拍摄角度，让汽车的阴影交替成一个图案

8.7 静物主题摄影：数码产品

我们经常能够在杂志或者网站上看到很多关于数码产品或器材的精美照片，摄影师通过对光线的控制，把此类产品的特点与质感表现得淋漓尽致，很多影友可能对此类光线的布置很是好奇，在这一节，我们将为大家阐述数码类产品的拍摄技巧以及注意事项。

数码类产品一般体积较小，表面材质大多以金属为主，表面光滑，且容易反光。正因为这些特点，我们在拍摄此类照片时大多选择在影室内使用影室灯进行拍摄。因为在影室内，我们可以利用影室灯，自由进行布光创作，通过对光线的控制，突出所拍摄主体的外在特征，以及各个位置的细节。

▶ 焦距50mm　光圈F16　快门速度1/200s　感光度100
在影室内我们可以自由布置光线，充分表现数码类产品的细节特性

▼ 焦距50mm　光圈F16　快门速度1/200s　感光度100
在影室内拍摄的数码相机效果图

拍摄此类产品时，我们一般使用斜侧光或侧光，因为侧光线除了让被摄体表面反差明显外，还可以清晰地烘托出物体表面质感。而且数码类产品由于机身表面大多为金属质地，所以容易出现反光现象，侧光可以有效地避免反光，同时让光线比较柔和地散发到物体表面。一般布侧光时，由于明暗明显，所以我们要根据需求，使用1-2盏灯进行拍摄。主灯起到展现主体造型，勾画主体轮廓的作用；辅光弥补主光留下的问题，主要是对阴影面补光。

另外，有些摄影师在拍摄金属类产品时，存在着一个误区，那就是企图通过使用偏振镜消除金属表面反光，但需要提醒大家的是，偏振镜并不能消除金属表面的反光，它只能消除非金属质地物体表面的反光。

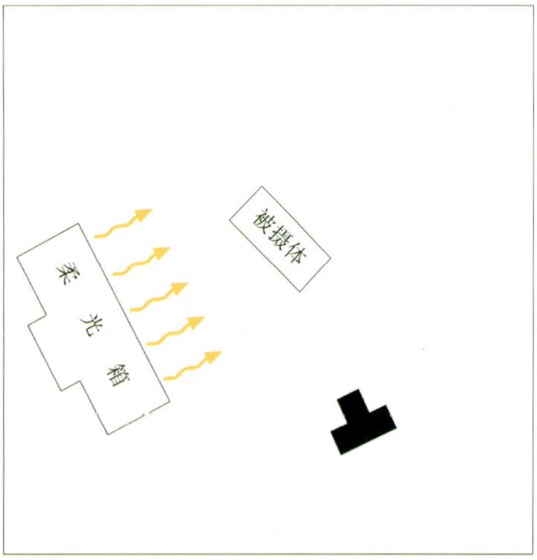

◀ 布光图

下面的效果图使用了斜侧光线进行拍摄，从效果图上我们可以看到，摄影师只使用了单独一盏柔光箱进行照明，画面中明显能看出有明亮区域与阴影区域，单灯的效果明暗清晰，反差强烈，画面有一种神秘感。

▼ 焦距50mm　光圈F14　快门速度1/200s　感光度100
使用侧光对拍摄的数码相机效果图

8.8 静物主题摄影：服装

很多朋友可能有过拍摄服装的经验，但是拍摄结果总是不令人满意，不是画面效果过于单调，就是服装面料质地不够细腻，又或者是色彩不够鲜艳。殊不知，拍摄服装也是需要一些技巧才可以的，在这一节，我们就为大家仔细讲解一下拍摄服装的技巧。通常情况下，服装题材大多会采用顺光或者斜侧光的方式进行拍摄。

顺 光

顺光拍摄的最大特点就是整个画面细节丰富，色彩艳丽。我们知道，顺光拍摄时，光线可以最大面积地投射到被摄体上，整个被摄区域都会清晰可见。在拍摄服装时，我们可以利用顺光的这一特点充分展现服装上的各个细节。但是顺光由于是直线照射，所以画面反差较弱，立体感较差，而且由于是顺光，所以服装的质地很难完美地表现。

我们在顺光下拍摄服装时，要注意曝光值的把握，尤其在拍摄白色或者黑色的服装颜色时，更要注意。因为数码单反相机测光时，是以18%的灰度为标准，却没有考虑白色或者黑色，所以当我们拍摄过浅或过深的颜色时，实际数码单反相机并不能给我们一个准确的曝光结果。我们可以通过拍摄的结果及时调整曝光数量，一般情况下，拍摄白色物体时，我们需要提高1-2挡曝光值；当拍摄深色物体时，需要降低1-2挡曝光值。

▲ 焦距50mm　光圈F7.1　快门速度1/160s　感光度100
使用顺光拍摄的服装照片

斜侧光

相比于正面光，斜侧光能够更好地突显所拍摄服装的质感，由于画面反差明显，立体感较强，所以我们在拍摄深色服装时，常用此类光线。也正是斜侧光的光线特性，使得最终画面细节不够丰富，阴影区域细节容易丢失。

不管是在室内或是室外，我们都要灵活地运用现场的光线，充分表现所拍摄服装的特性。摄影没有一定之规，灵活并熟练的运用这些技巧才能拍摄出满意的作品。

◀ 焦距73mm　光圈F13　快门速度1/125s　感光度100
使用斜侧光拍摄的服装效果图

合理搭配

在拍摄服装照片的时候，注意使用一些恰当的道具做陪衬，会给服装本身增色不少。不过，在选择陪衬的时候，要注意不要喧宾夺主。无论在画面中所占的空间和位置，都不要抢了服装这个主体的风头。

▶ 焦距50mm　光圈F5.6　快门速度1/160s　感光度100
恰当的陪体，会给画面增色不少

8.9 静物主题摄影：玻璃器皿

玻璃器皿一般是指酒杯，酒瓶，玻璃杯等采用玻璃制作的物体。由于玻璃器皿具有很强的透光性，所以给我们的拍摄带来了一定的难度。不过无论是在室内还是室外，其实都可以通过光线来解决这个问题。

由于玻璃器皿材质的特殊性，我们就要在用光方面多做一些选择，通过光线最大限度地衬托出此类材质的特点。一般情况下，我们大多选用侧光或者逆光对玻璃器皿进行塑造。

▶ 焦距50mm　光圈F32　快门速度1/250s　感光度100
侧光可以突出玻璃器皿的质感

▼ 焦距50mm　光圈F2.8　快门速度1/250s　感光度100
在环境光下拍摄的玻璃器皿照片

侧　光

大家都知道，侧光的光线特性除了可以塑造物体轮廓外，还可以突出表现被摄体质感，突出被摄体表面细节的作用。所以我们在拍摄玻璃器皿时，可以根据现场环境、主体和拍摄需求，适当选择此类光线。

逆　光

当我们需要塑造玻璃器皿轮廓时，逆光是我们比较常用的拍摄手法。逆光光线可以有效地使玻璃器皿产生光边，清晰勾勒出物体轮廓。另外，由于玻璃器皿的透光性，使用逆光拍摄时，既消除了反光，还可以清晰地看到背景。

左边图片是典型的逆光玻璃器皿的拍摄效果图，从图片中我们可以看到，光线从两个酒杯后面直线照射，玻璃杯的轮廓清晰可见，由于逆光，我们在画面上看不到刺眼强烈的反光，整个画面干净，规整。

不管在室内还是户外，我们在拍摄玻璃器皿类的逆光照片时，一定要注意背景的选择。由于此类材质的物品具有透明性，所以如果背景杂乱，就无法很好地表现出被摄体造型与质感。我们应尽量选择简洁、干净、色调单一的背景。

拍摄玻璃器皿的方式多种多样，但无论我们在什么样的环境下，都要控制好光线，通过光线塑造我们所要拍摄的玻璃物体。合理控制好光线才能将玻璃器皿独特的气质展现出来。

◀（左上）焦距84mm　光圈F20　快门速度1/200s　感光度100
逆光很好地勾画出玻璃杯的轮廓

◀ 焦距27mm　光圈F2.8　快门速度1/250s　感光度500
环境光下拍摄的啤酒杯，虚实对比和独特的视角让画面新颖有趣

8.10 静物主题摄影：珠宝首饰

大多数人家中都会有一些珠宝首饰，其实这是很好的静物拍摄题材。珠宝首饰精美的造型和质感，如果能在画面中得到完美体现，照片很容易出彩。专业的珠宝摄影，无论是拍摄器材还是拍摄技术和手段，都有很专业的要求。但如果是影友们在家给珠宝拍张照片作为纪念，利用家里的一些常用物品作为道具，也能拍出效果不错的珠宝作品呢。

背景的选择

自己在家拍摄珠宝照片，需要解决的第一个问题是背景，因为我们并没有很专业的静物台或者是专业的背景纸或者背景布，其实这很好解决。一块丝巾或者一块手绢都是很好的选择。不过，在使用丝巾做背景之前，我们要先用水洗一下，注意洗完之后不要用手拧，而是直接晾干，这样可以避免丝巾上产生难看的皱褶。平整的丝巾准备好了之后，我们用手随意做出造型，放上首饰，拍摄出来看看效果吧。

▲ 焦距120mm　光圈F5.6　快门速度1/80s　感光度100

一块常用的丝巾，在这里充当珠宝的背景，画面是不是有一种雍容华贵的感觉

选择合适的造型

拍摄珠宝第二个要解决的问题，是如何造型。一个玛瑙的手链，怎样放置会更能突显它的光芒和灵气呢？如果只是将它摆放在桌子上，拍出来效果会很普通，画面很平淡。那我们在手链下面垫上一个首饰盒，效果会好一些，画面更有立体感。如果我们再想想办法，将它悬挂起来，以窗外虚化的绿树为背景，效果是不是又更提升了一步？

▲ 焦距120mm　光圈F5.6　快门速度1/8s　感光度100
摆放在桌面上拍摄，效果很一般

▲ 焦距120mm　光圈F5.6　快门速度1/80s　感光度100
下面垫上一个首饰盒，画面立体感增强，效果好一些

▲ 焦距120mm　光圈F5.6　快门速度1/8s　感光度100
悬挂起来，利用窗外虚化的绿树当背景，整体效果好了很多

后期创意

如果对后期软件有兴趣的朋友，利用一些后期技法，还可以对珠宝照片进行一些有趣的创意。我们可以模仿某些广告创意作品，让画面更有视觉冲击力。下面这张照片是一个珍珠吊坠，选用绿豆作为背景之后，感觉画面平淡，没有什么新意，后期通过Photoshop软件中的镜像模糊滤镜处理了一下，画面立刻变得动感强烈，是不是很有趣？

▲ 焦距100mm　光圈F4.5　快门速度1/80s　感光度 100
动感强烈的画面，只是做了一个简单的后期处理

8.11 静物主题摄影：水珠

水珠在日常生活中随处可见，通过一定的技法与创意，我们可以将其演变成一幅幅造型奇特、精彩纷呈、色彩艳丽的摄影作品。

拍摄水滴并不困难，有两个比较关键的问题，一个是快速抓拍，一个是判断水滴的运行时间。前者需要一个高速频闪的闪光灯来解决，后者就需要一个合适的定时系统。

相机方面，普通的数码单反相机就可以。180mm焦段的镜头，能为我们提供一个好的工作距离，一个窄的视角以及好的光效。使用180mm焦段，相机可以从距离溅起区域1～2米远的位置获得一个合理的视觉效果。光圈设置为F11或F16，但是当使用很短的时间闪光时，要获得合适的曝光很具挑战性。

▲ 焦距150mm 光圈F2.8 快门速度1/140s 感光度100
水滴凝固的瞬间，宛如未受任何污染的冰块一样晶莹剔透。在水中加肥皂，会让水滴溅起得更高、更细、并且能出现更多的造型

水的物理特性决定了其溅起的造型。水最重要的一个特性是表面张力（在所有液体中，除了水银之外，水具有最大的表面张力）。有的时候，可以加一点肥皂来降低表面张力。在水中加肥皂，会让水滴溅起得更高、更细、并且能出现更多的造型。此外，水波引起的水圈也会扩散得更慢一些。

水的另一个重要特性，就是黏性。向水滴中加入丙三醇，可以增加其黏度。丙三醇也具有很大的表面张力，所以是个不错的选择，将其加入水中，不会对水的原有特性造成太多影响。照片的背景颜色大多来自于闪光灯上的彩色凝胶，有时候，可以向水滴中添加食用色素来调制出我们想要的颜色。

▲ 焦距130mm 光圈F2.8 快门速度1/120s 感光度100
水滴落入水中的瞬间，溅起的水花形成皇冠一样的造型。这种精美的图片，我们以前在很多广告照片中看到过，你也可以在家里尝试拍摄这种效果

09

纪实摄影

什么是纪实摄影
纪实摄影的器材
了解纪实摄影的三要素
纪实摄影的抓拍技巧
纪实摄影的视角选择
纪实摄影的题材类型

9.1 什么是纪实摄影

摄影是以其纪实性作为主要特征、主要功能存在的，它本身就是对客观存在的真实的影像记录和反映。纪实摄影，其实应当称之为社会纪实摄影，指的是那种反映人类生存环境的摄影。

纪实摄影的主要特征，包含摄影者对社会环境与人类生活的思考、观点和态度。纪实摄影是以记录生活现实为主要诉求的摄影方式，都是来源于生活，如实反映我们所看到的事实。换句话说，纪实摄影有记录和保存历史的价值，所以，纪实摄影作为社会生活的见证者，作为题材最为广泛的摄影门类，一直受到摄影师和影友的喜爱。

纪实摄影从题材上分为多种，有反映突发事件及重大新闻事件的，如汶川大地震、中国南方冰冻灾害、国庆60周年天安门广场庆典、奥运开幕式、刘翔冲刺瞬间等；有反映各地民俗节庆活动的，如春节期间的舞龙狮、扭秧歌、观花灯，藏族的雪顿节、蒙古族的赛马会等，让我们感受到各民族丰富多彩的民俗文化生活；也有反映百姓生活万象及街头幽默瞬间的，如一个维妙的眼神，一个趣味的小品，让大家感受到生活的丰富多彩；还有一种纪实摄影作品，以深入挖掘某个人群的生活状态为主，采用一定的逻辑结构，用图片讲故事……

纪实摄影，除了一些重大社会政治活动以外，就是拍我们身边的事，讲老百姓自己的故事，是我们影友最方便接触，最容易拍摄，最便于练习的拍摄题材了。

▲ 焦距85mm　光圈F6.3　快门速度1/1000s　感光度320
街头正在烙煎饼的大娘，腾腾的热气很好地烘托了氛围。纪实摄影因为题材的广泛性和拍摄的便利性，受到广大影友的喜爱。“扫街”，更是成为影友对纪实摄影的戏称

9.2 纪实摄影的器材

与别的拍摄题材不一样，纪实摄影更讲究抓拍与随拍，所以在器材的便携性上，有更多要求。一款便携数码单反相机和一个一镜走天涯的镜头对纪实摄影而言，是很适合的配置。如果有偷拍的需要，甚至一款功能不错的卡片相机都是不错的选择。

9.2.1 数码单反相机及便携数码相机

要想拍摄新闻纪实摄影，相机的小巧便携是需要首先考虑的。实用、够用，是纪实摄影选用器材的两大原则，千万不要追求高像素、大光圈、全画幅等要素。

目前的很多入门数码单反相机，普遍走向体积小型化和操作人性化的趋势。可以说，当前各个品牌的入门级单反，如尼康D5000，佳能500D，索尼a500，奥林巴斯E-620等，都足以满足人文纪实摄影的需要。当然，很多影友更喜欢拿一款便携小相机，作为单反相机的备用机，随时捕捉生活中的精彩瞬间。这当中，松下LX-3，理光GX2，佳能G11等，都是不错的选择。

9.2.2 一镜走天下及定焦镜头

镜头方面，“一镜走天下”在纪实摄影中广为盛行。因为在边走边拍的过程中，很难有时间更换镜头，18-200mm的镜头，在APS-C画幅的单反相机上，焦距范围涵盖28-300mm（或320mm），可以说近摄远吊均可。

当然，“一镜走天下”的代价就是镜头的成像质量比标准变焦镜头及定焦镜头略差。不过纪实摄影追求更多的是“瞬间的精彩”，而不是画质色彩等。

很多专业的纪实摄影师，喜欢携带一款定焦镜头，这些摄影师常用的是35mm定焦，这个焦段比人眼的正常视角更广，拍出的照片，不但画面元素更为丰富，视觉感受也更具冲击力。与变焦镜头相比，使用定焦镜头，更能培养摄影师敏锐的洞察力和严谨的拍摄风格。除了35mm，还有24mm、28mm、50mm等几个常见的焦段可供选择。

9.2.3 防尘罩防雨罩以及伪装包

由于纪实摄影的拍摄环境不是以人的意志为转移的，许多坏天气下或污浊环境中的事件需要拍摄甚至抓拍，所以要备好相机的防雨、防尘罩，而伪装包则是用于街拍、偷拍的。

9.3 了解纪实摄影的三要素

要拍好纪实摄影作品，有三个要素，是影友应该掌握和遵循的。而其中，第一要素是至关重要的，不少摄影师在参加纪实摄影比赛时，因为第一个要素无法满足，最后痛失奖项。或者成为反面教材名垂青史，比如“周老虎”。

9.3.1 真实性

所谓纪实摄影，是纪录真实生活的摄影。真实，是评判纪实摄影的第一个要点——作品是否具备真实的人、物和现场环境。

我们不难见到一些纪实摄影作品，对被摄人物进行虚构、特技变形、增减背景等处理和加工，为了达到表面的“形式美”，而人为改变原始场景的真实和完整，这是完全违背纪实摄影的原则的。目前在很多摄影比赛中，对纪实摄影的作品要求，都要强调不能“更改画面元素，只能进行简单裁剪”等。

▲ 焦距17mm 光圈F8 快门速度1/90s 感光度 100

一幅好的纪实作品，应该表现真实的人、物和现场环境。可以抓拍，可以等拍。但最好别采用摆拍，也不要在后期随意增减信息。一般的图片裁剪是允许的。这张图片为了表现现场排练活动的壮观，通过接片的方式成为特殊尺寸，增加了视觉冲击力

9.3.2 生动性

如果认为纪实摄影只要将人和环境记录下来就行，摄影技巧的运用并不重要，这种想法是有失偏颇的。

一幅摄影作品的视觉形象，是否能引起观众的兴趣，是非常重要的。纪实作品也不例外。构图、用光、色彩搭配、拍摄视角等，综合运用起来，才能决定一幅作品是否显得生动，是否能够吸引观众的视觉，并引发情感互动，进而留下深刻的印象。

摄影语言的运用，主体形象的突出，是需要付出代价的。一个普通的场景，往往因为采用了某个角度、运用了某种光线、或者等到了某一瞬间，才能表现出主体对象的最佳效果。 所以，观察能力是决定一幅纪实摄影作品好坏的关键。在面对那些快速多变的拍摄对象时，你能否观察到"决定性的瞬间"，并迅速利用摄影技术，突出生动的主体，将决定一幅纪实作品能否成功。

◀ 焦距60mm　光圈F4.5　快门速度6s　感光度 100

摄影师利用慢门将花炮的轨迹凝结下来，主体表情生动，记录了孩子们对于过年的兴奋之情

▲ 焦距120mm　光圈F2.8　快门速度1/1000s　感光度800

一个很常见的街头场景，因为作者捕捉得当，两个小孩的表情非常生动，而让整个画面显得生机勃勃

9.3.3 情感性

由于各种因素的作用，现实生活中的事物或人物，在不同时间与空间，具有不同的面貌，传达不一样的情感。有的显得重要，有的显得一般，有的让人震惊，有的让人落泪，这中间的差别，就在于作品的情感性表现的如何。

同一个场景，采用不同的角度，或者攫取发生、发展、高潮和结尾的不同阶段，在内涵情感体现上，也会有所不同。我们在面临各种对象时，抓住重要的对象或典型的瞬间，捕捉足以打动人的细节，就能以一当十，事半功倍。

▲ 焦距67mm　光圈F4　快门速度1/125s　感光度200

寺庙里的年轻僧人，正在给老僧剃须。一个很温馨的场面，让作者捕捉下来，年轻僧人的专注目光，老僧的淡定表情，很好地传达出他们中间“无声胜有声”的浓浓情感

▲ 焦距20mm　光圈F4　快门速度1/10s　感光度100

汶川大地震之后，各地民众通过各种形式，自发悼念逝去的同胞。地上燃烧的蜡烛，组成了一个心形，中间5.12的数字，交代了事件的背景，虽然没有过多的人物出现，却是一幅饱含中国人民深情的作品

9.4 纪实摄影的抓拍技巧

纪实摄影，绝不仅仅是捕捉现场人物或情节自身，那只是一个现场记录的照片而已。要想完成一件纪实作品，你必须学会通过这个画面，准确而深刻地表达出你对镜前人物或情节的感受或评价，并让观赏者能够通过阅读，正确地理解你的拍摄意图。而要准确做到这一点，讯速捕捉瞬间发生的客观事件是纪实摄影首先要解决的问题。这个问题的实质，就是纪实摄影中最基本的拍摄方法——抓拍。

什么是抓拍？抓拍就是不干涉拍摄对象活动情况下的拍摄。这是抓拍与其他拍摄方法的基本区别之一，也是这种方法的明显特征。

抓拍是以抓住对象的典型神态或动态的典型瞬间为目的的。所谓的运动状态，即以主体自然必然的动态为对象，包括跑、跳这样明显的、剧烈的肢体运动，也包括心理活动引起的面部及肢体的微妙变化，如眼神、手势还包括进入画面、瞬息万变的各种要素的相互配置与照应。两人交谈，需要考虑交谈者动作及眼神的呼应；匆匆的人流中，需要等到从空隙中拍到主体的刹那；光线、黑白……也在不停地变动中。抓拍按不同的方式，又分为偷拍、抢拍和等拍。

9.4.1 偷 拍

所谓偷拍，就是在抓拍现场找个地方，把自己隐藏起来，不让被摄对象发现的拍摄。偷拍的位置，选择能够比较从容地观察对方，拍到对方，且有较合适的拍摄角度。如房间里、大树后、人群中、汽车内、门洞深处……都可能成为理想的隐蔽点。这样，就形成了拍摄者在暗处，被摄者在明处的态势，像是打“伏击”那样抓拍，以达到表达主题的目的。

▲ 焦距105mm　光圈F5.6　快门速度1/500s　感光度125

缅甸的街头寺庙很多，而和尚们偶尔会在寺庙外面的一个隐蔽处洗澡。这幅画面是站在一个不为和尚所知的地方“偷拍”下来的。要提醒的是，偷拍不要以丑化被摄主体为目的，也不要抱有“偷窥”心理

还有一种偷拍方式，不需要隐藏，直接面对拍摄目标，拍摄前先将相机移开目标，让镜头对准其他地方。这种方法给人的感觉，摄影师确实是在拍照，但目标是别的什么人或物，而不是对准自己进行相机的操作（注意此时的操作一定是为拍摄目标而进行的），让拍摄对象不知道是在拍摄自已，然后，抓住时机趁拍摄对象不注意，讯速调转镜头，按下快门，完成拍摄。

▲ 焦距62mm　光圈F3.5　快门速度1/250s　感光度100

这张片子就是采用提前移开相机的“偷拍”方法，近距离完成的。偷拍的主要目的，不是为了“偷窥”，而是为了不打搅被摄主体，让被拍摄对象处于最自然放松的状态。怀有恶意目的的偷拍，是我们要坚决反对的

▲ 焦距50mm　光圈F5.6　快门速度1/120s　感光度100

还有一种偷拍方式，就是找一位朋友站到你要拍的人物附近，装作要拍照的样子，让对方不知道你到底在拍谁。上面这张照片就是以这种方式去偷拍的。大家要记住，我们偷拍的不是源于邪恶的目的，而是为了记录社会现实

9.4.2 抢 拍

对于出现的拍摄目标或事件，要学会“突然袭击”迅速抓拍。这就是“抢拍”。抢拍的要领是：拍摄前，要在心中对拍摄的立意、视角以及构图等方面进行构思，然后根据目测调好焦距，同时调好光圈、快门。一旦出现合乎追求的情节、动作、神态，立即迅速举机拍摄，似迅雷不及掩耳。当对方发现并做出反应时，拍摄已经完成。

◀焦距100mm 光圈F3.5 快门速度1/400s 感光度100
跳水是转瞬即逝的运动项目，运动员从高台落入水中只有几秒时间，在运动员做前滚翻跃上最高点的瞬间，作者用高速快门抢到了这个镜头

▲焦距39mm 光圈F8 快门速度1/640s 感光度320
赛马是一项速度很快的运动，找到合适的位置，在马匹腾空超越障碍物的瞬间，抢拍到这一镜头。抢拍是体育或民俗纪实摄影中经常用到的手法

9.4.3 等 拍

顾名思义，等拍就是等待时机进行拍摄的一种方法，这种方法的主要特点是，拍摄者对眼前的拍摄目标，有一定的预见性，预见可能要发生什么事情或什么行为，或者预见拍摄目标有更具特点的景况出现，这种抓拍方式一般适用于大型活动或重要场合，比如运动会、庆典活动。

体育比赛和舞台摄影也是经常运用等拍的场合。比如篮球，上篮时的动作与位置都是可以预料的，提前准备好视角与快门，等待运动员上篮的一刹那，很容易等拍到精彩的作品。再比如跳水，也是可以提前架好镜头，等待运动员腾空跃起或者入水的那一刹那。而在舞台摄影中，主角亮相时，总有固定的位置和动作，提前了解好剧场位置，也能等到相当不错的“剧照”。

▶ 焦距70mm　光圈F2.8　快门速度1/1250s　感光度100
篮球比赛是容易等拍到精彩瞬间的运动，找到合适的位置，等待运动员上篮的瞬间，捕捉两人放手，三足鼎立的画面

▼ 焦距28mm　光圈F8　快门速度1/160s　感光度100
摄影师在五个滑翔伞并排飞行时，按下了快门

9.5 纪实摄影的视角选择

不同的视角，将给纪实作品带来不同的构图方式及不一样的视觉效果。常见的视角，有水平视角、俯视角和仰视角三种。至于什么题材采用什么视角，一是根据你所处的位置，二是根据拍摄对象本身而定，三是根据你想表达的情感内涵而定。

9.5.1 水平视角

水平角度，是纪实摄影中最常见和最多采用的拍摄角度，它是从人眼视平线的高度去观察景物，这种视角能正常表现被摄体之间的透视关系，所拍的人物形象和空间变化，都显得客观自然和正常化，给观众以亲切和平等的感觉。其不足之处是容易受到前后景物的干扰，空间层次表现上也有局限。

▶ 焦距62mm　光圈F4.5
快门速度1/80s　感光度1600
上夜班做面点的女师傅，采用水平视角拍摄，给观者平等和自然的感觉，但画面容易受到前后环境的干扰

▶ 焦距18mm　光圈F8
快门速度1/80s　感光度200
这也是一种水平视角，不过是与地上坐着的观众“水平”。近景中虚化的双腿，是参加短跑比赛的运动员。对运动员来说，这是一种“仰视角”。视角的独特性，恰恰成为这幅作品成功的关键

9.5.2 仰视角

仰视角拍摄，可以给画面带来一种雄伟、崇高、尊敬的视觉效果。仰拍时由于镜头从下往上拍摄，被摄人物因透视变形而显得高大，从而产生夸张的视觉冲击力。在很多民俗题材或宗教题材中，采用仰视角拍摄，能取得较好的冲击力。

▲ 焦距70mm 光圈F8 快门速度1/640s 感光度160
都市里的蜘蛛人，是影友镜头经常捕捉的纪实题材。他们工作在高楼大厦的外层玻璃面上，仰视角拍摄不但突出工作环境的危险，也表达了对蜘蛛人辛苦工作的尊重

9.5.3 俯视角

俯视角拍摄，可以更好地展示景物的纵深空间，增加透视的深远，让地面的多层次景物尽收眼底。

当前景中有障碍物体时，利用俯视角，很容易将其躲开或排除掉，能更好地展示我们想表现的主体对象。另外，俯拍还有利于对周围环境做铺陈，交待环境气氛。在视觉感受上，俯视角给人一种鸟瞰的感觉，有时能给人带来一种心理上的“优越感”。

▶ 焦距16mm 光圈F2.8 快门速度1/60s 感光度250
俯视角拍摄农家做豆腐的场景，由于角度的变化，人物的表情反而是次要的，而环境的铺陈与气氛的交代显得更为重要。浓浓的生活气氛从画面中扑面而来

焦距70mm 光圈F5.6 快门速度1/200s 感光度100

俯视角度在纪实人像中也经常用到。男孩脸上羞涩的表情，以及奇怪的装扮，吸引了我们的注意。由于采用了较大的光圈，环境进行了部分虚化。但要注意的是：这种俯视角，容易给拍摄对象造成一种居高临下的“优越感”，在纪实人物摄影中应该慎用

9.6 纪实摄影的题材类型

纪实摄影从其题材上分，可大致分为人文、民俗、运动、新闻事件、幽默小品以及图片故事等，不同的类型在摄影技法上是大同小异的，但其表现方式上，并不是完全一样的。

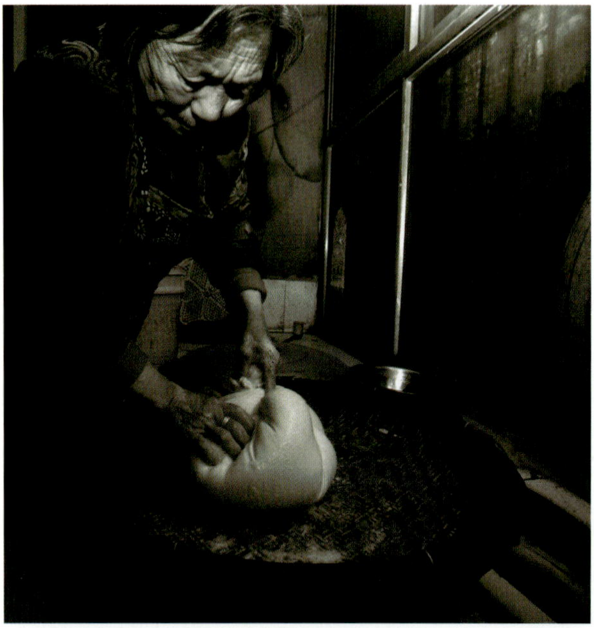

9.6.1 人文题材

广义的“人文”，就是人类自己创造出来的文化，自然是原始的、天然的。而“人文”，是指人类社会的各种文化现象（辞海语）。

人文题材，又可叫作是社会生活纪实，主要反映的是现实社会生活和人们文化活动的作品，此类题材的特点是地域广泛、内容丰富以及实时发生。是纪实摄影中最主要的题材。

◀ 焦距16mm　光圈F14　快门速度1/250s　感光度1000
一个皱纹满面的老者正在揉面。一个普通的生活场景，作者利用墙面反射的光线构图，将老者的手与面团放在了主体的位置，用黑白的影调，刻画出岁月的沧桑与生活的不易

▲ 焦距70mm　光圈F3.2　快门速度1/400s　感光度1600
生活中的精彩瞬间无处不在，作者抓住了排练厅里面刻苦训练的舞者跃起的瞬间，利用镜面反射构图，传达出浓浓的青春气息与刻苦的训练态度

9.6.2 民俗题材

民俗题材是反映民族文化与特色生活的作品，其实也算是“人文”的一种。

我国是一个多民族的国家，不同的民族有着不同的生活方式、风俗习惯、宗教信仰和文化活动，这类题材的摄影，必须要将人与事结合起来，突同地域特点和民俗特色，既可以拍人，也可以拍物，还可以拍景，更可以让人融入景中，让物融入人中，别具一格，突出特点。

民俗题材中，尤其以丰富多彩的民间文化活动最为宽泛，每个地区都有其地方特色的庆典活动或民族歌舞，可以说，民俗题材已经成为纪实摄影领域的一个比较独特且独立的门类了。无论是春节的庙会，还是少数民族的节日，或者是某一地区的宗教活动，都可以拍到很好的民俗题材。

▶焦距70mm　光圈F3.5　快门速度1/100s　感光度100
舞龙舞狮也是大家经常拍摄的民俗题材，但是不太容易拍好。如这幅作品，采用水平视角，虽然捕捉到了小姑娘的亮相瞬间，但背景的处理以及狮子的动作显得过于普通

▼焦距25mm　光圈F16　快门速度1/200s　感光度200
庙会是拍摄民俗题材的好地方。这幅图片拍摄于北京春节庙会上，两位身着盛装的老者在表演民间音乐，采用仰视角的拍摄方法，可以避开杂乱的背景，以突出主体

9.6.3 新闻题材

新闻题材，顾名思义就是反应新闻事件的摄影作品，这类题材又叫图片新闻或摄影报道，这类题材包括突发事件，如地震灾害、洪涝灾害、火灾等内容，也包括各种大型集会、会议、演出、庆典等内容的新闻摄影，还包括一些社会突发新闻。这类题材一般多由专业记者来完成，当然，如今随着数码相机以及博客的普及，每个人都成为了民间的“新闻记者”，很多重大事件的第一时间报道，往往是普通人拿手机或卡片机拍出来的，如伦敦地铁爆炸案。

▶ 感动了全中国的“敬礼娃娃”。一位满脸是血的男孩，在汶川地震发生十余小时后，终于被武警官兵从废墟中救出。男孩的左手似乎骨折了，一位战士用木板小心地夹住他的手臂，细心地缠上了绷带，然后，又慢慢地为男孩喂了一些矿泉水。把男孩放在一块蓝色的木板上。武警官兵准备把他转移到安全地带，就在这时，一幕让世界动容的场景出现了：年幼的男孩艰难地举起还能动弹的右手，虚弱而又标准地敬了一个少先队队礼……新闻事件、现场环境与事件主体，在画面中体现得几近完美（杨卫华摄）

▲ 焦距17mm　光圈F4.5　快门速度1/2s　感光度800

2008奥运开幕式是举世瞩目的新闻事件，这样的夜晚，也是捕捉新闻题材的最佳时机。作者将某文化广场席地而坐的百姓与远处的大屏幕，利用接片的方式放到同一个画面中，避免了超广角镜头的变形，将背景新闻事件与人们喜悦的表情表现得非常到位

▲ 焦距190mm　光圈F4.5　快门速度1/640s　感光度200
田径场往往是捕捉运动题材的好地方。运动员激烈的竞争，生动的表情，以及冲刺时的气氛，都可以成为照片捕捉的对象。田径场的观众众多，环境开阔，而且拍摄地点往往远离主体，这时候，一款长焦大光圈的镜头，将起到很好的作用

9.6.4 运动题材

运动题材的作品，是以拍摄运动主体为主要内容的纪实摄影。拍摄运动题材的作品，从技巧和表现方式上有两种情况：一种是表现动感的慢速拍摄方式，作品有运动轨迹的表现形式；另一种是表现运动瞬间定格的高速拍摄方式。根据不同的表现方式来设定快门速度和拍摄模式（连拍还是单拍）。

从广义上讲，运动题材也是新闻题材的一种，只不过这种题材相对特殊，也有独特的拍摄技法，所以单独列出来。

▲ 焦距93mm　光圈F2.8　快门速度1/320s　感光度800
一幅动感舞台摄影作品，较高的快门速度将舞蹈演员飘逸的大裙摆凝固在空中，动感强烈

9.6.5 幽默小品

生活中充满了幽默，就看你是否具备一双发现幽默的眼睛。通常的幽默小品，会出现在这样几个场合：街头装扮古怪个性的人物，或者让人会心一笑的口号或标语，与环境不符而显得对比强烈的人物，或者精灵搞怪的儿童与宠物等。

▲焦距200mm　光圈F2.8　快门速度1/125s　感光度400

人体彩绘秀，两位男士“专注”的眼神被摄影师镜头捕捉下来。这个场景的捕捉和视角选取有些“出人意料”，所以幽默的味道跃然纸上

捕捉幽默小品，要强调“会心”，强调“出人意料”。让人看后会心一笑。有时候刻意的幽默，反而会让人觉得别扭。

▲ 焦距17mm　光圈F5.6　快门速度1/60s　感光度100

两个小孩在赛跑，背景恰恰是一个运动员跑步时的连续动作，作者将焦点放在背景墙面上，利用慢速快门让前景的两个小孩虚化，一动一静，仿佛是小孩在和墙上的“叔叔”赛跑，让人忍不住会心一笑

9.6.6 图片故事（组照）

图片故事，基本是以“组照”的形式，来反映一个事件，一个人群，或者一种生活方式的主题。所以要了解图片故事，首先要了解纪实组照的相关知识。

关于纪实摄影的组照，从拍摄到组合，一定要有策划，有目的，通过大量的拍摄与积累，形成一个完整的主题。如果只是散漫地随拍，很难达到思想内涵深刻、表现形式丰富。

在用图片组照讲故事方面，要注意以下几个地方。

组照要有主题

主题是灵魂，一个图片故事，一定要有好的主题，很多影友拍摄的纪实图片故事，要么主题不明确，要么主题缺少了震撼人心的力量，虽然片子积累很多，但由于不够集中，流于表面化。

一个图片故事怎样展开，怎样呈现，怎样表现？举个例子，一个民族祭祀情节的组照，可能由多幅作品组成：有表现一个故事点的，有表现一生信仰的，有表现民俗情节的，有表现带来思考的。但在组成一个组照时，需要一条明确的主线， 照片是用来说事的，主导人物、反映的事件一定要突出。

每一幅照片，要反映出里面人物是在做什么，有什么意义，还要考虑组照怎样“善后” 。

找出点题的照片

图片故事组照中，要有一两张点题或说理的照片，这样的照片要关注事、情、理。有了主干和表情(细节)，需要1-2张概括主题的照片，这种照片又称为决定性照片，要具有评价性或立场，表现一个摄影师对事件认识的深度。

镜头语言恰当

一组图片故事，要有不同的表现方式。比如从景别上，要有全景、中景、近景，从视角上，有水平视角，有仰视角、俯视角，从内容上，有人物表情，有环境背景，有工具交代等。

图注要点睛

图片故事的表现，文字与图片同样重要。文与图就跟腿与身体一样，割裂开来是完全不对的。图片故事对图注文字的要求有 4 个字 ：简洁、明确。

例：城市蜘蛛人（组照）

社会飞速发展，城市高楼鳞次栉比，催生了一批大楼清洗工，他们通常被称为“城市蜘蛛人”。他们身悬一线，贴伏在光溜溜的高楼外墙和玻璃幕墙上，往下瞅去，是穿梭的车流和斑斑点点的行人。这是一群栖身城市的人，他们常年在城市寻觅，寻觅能靠劳动养活自己或老婆孩子的工程。

刚进来的新手，一般先跟着打杂，每天能挣20多块钱，经过一段时间的“培训”，才能晋升为大工，成为真正的“蜘蛛人”。他们大都是18岁到30岁的小伙子，以单身居多，也有拖家带口的。有些大公司有宿舍，大家住在一起；小公司可不一样，“蜘蛛”们平时分头租房居住，干活时才聚在一起，干完活各走各的。在他们看来，这种活至少比在工地上干轻松，也不必担心工钱的问题。

“我们挣的钱都是用命换来的，谁忍心克扣呀？”一位年轻的清洗工说。他们的工钱都按工作量算，多劳多得，有的说一月能拿五六百，有的说能拿一千过点。

身悬一线的工作场景

他们都是18-30岁的年轻人，单身为主

工作完毕，他们能融入到热闹的城市中吗

每一个人都是一个独立的工作平台

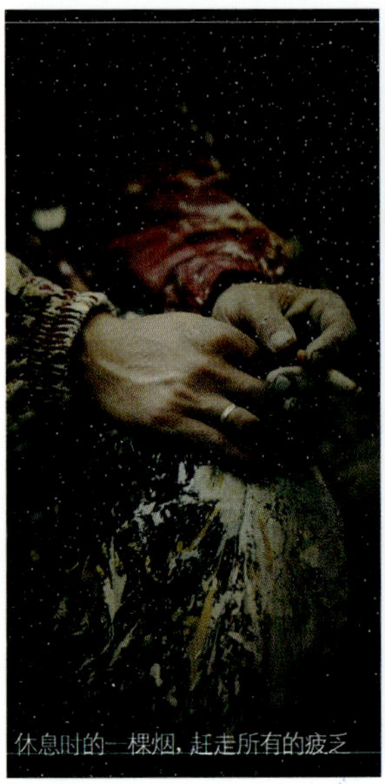
休息时的一棵烟，赶走所有的疲乏

独有的工作工具，高空上的凳子

主要作者简介（排名不分先后）

宋兆锦：任职于北京工商大学传播与艺术学院，爱好摄影，对摄影后期及摄影理论有一定研究。

老骆驼：资深摄影发烧友，佳友在线版主，酷爱旅游、摄影，有丰富的户外自驾游经验。

伍韬：网名“加菲小帕”，涉足摄影多年，拍摄题材广泛，以风光、人文见长。中国艺术摄影学会会员。摄影作品多次在专业摄影媒体发表并获奖。

江胜：1977年出生，中国摄影家协会会员、安庆市摄影家协会副秘书长。2005年开始学习摄影，其中诸多作品在国内外影赛或影展中入选、获奖。

孙瑜：上海市摄影家协会会员，上海摄影网管理员、《人民日报》人民视线签约摄影师、人民网图说中国版主、《数码摄影》人像版版主。

曹来京：资深摄影发烧友，对摄影有狂热兴趣。摄影作品多次在专业摄影媒体发表。

王文光：资深摄影发烧友，酷爱摄影，摄影作品和文章多次在专业摄影媒体发表。

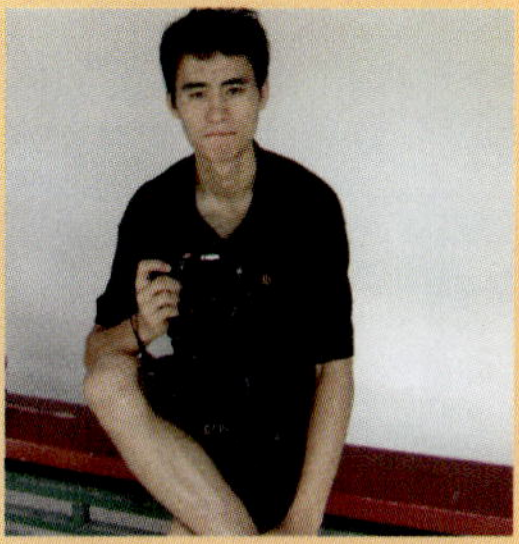

杨崇海：毕业于北京电影学院摄影学院图片摄影专业，在人像和纪实类摄影领域有着多年的拍摄经验。

郑小莫：职业摄影师，米涂传媒创始人之一。

Nicky：定居荷兰，资深摄影发烧友，摄影作品在国内多家摄影媒体发表。

周正：沈阳职业摄影师，当过媒体摄影记者，做过美食摄影杂志艺术总监，办过个人摄影展，摄影作品多次在国内专业摄影杂志刊发。

徐华定：北京海淀区摄影家协会副主席，国家高级摄影师。在全国各类摄影比赛中获得大小奖项五百多个，在各种媒体、杂志、刊物等发表文章百余篇。

张帆：网名“tom2007”，毕业于上海海事大学及荷兰马斯特立赫特管理学院。爱好摄影多年，涉及题材以风光、人文为主。摄影作品多次在专业摄影媒体发表。为新华社下属“五洲图片库”签约摄影师。

范家英：河北省南和县食品药品管理局干部，2007年开始学习数码摄影，河北省摄影家协会会员，邢台市摄影家协会会员，中国民俗摄影学会会士。喜欢人文纪实、风光摄影及创意作品。

姚汉军：浙江诸暨人，中国摄影家协会会员，浙江省企业摄影家委员会副主任，现任浙江海越股份有限公司副董事长、副总经理。

盛仁昌：从事摄影三十余年，先后在报刊杂志上发表稿件、作品三千余件，百余幅作品入选区、省、市级摄影展并多次获奖。

赵宇宏：就职于北京四中。资深摄影发烧友，摄影作品和文章在多家专业媒体发表。

李晶：酷好旅游、摄影；行走在山川，穿梭在城市间，行一程路，看一程风景，感受自然的美，用相机和笔记录瞬间的美和记忆；用自己的文字，记录并追忆似水年华。

曾国全：资深摄影发烧友，摄影作品在国内各大摄影比赛多次获奖。多次在摄影媒体发表摄影文章，2002年被北京市摄影家协会评为优秀摄影师，同年获中国摄影家协会网影友拼图十佳作者。

李晟：一个爱唱歌的非著名地下摇滚摄影师。摄影作品多次在专业媒体发表并被选为杂志封面。

王瑜：网名“浑水魔瑜”，80后摄影人，本科数字艺术设计出身，2007年接触摄影便从此一发不可收拾，热衷于人像和微距摄影。

范小林：网名“天下无我”，中国摄影家协会会员，PPA会员，佳友在线签约摄影师。近年来，先后有近百幅摄影作品在摄影报刊杂志上发表，并在国内外大小比赛中屡有获奖。2010年摄影作品《萦》获第19届奥地利特伦伯超级摄影巡回展红色专题组金奖。

滕飞：摄影发烧友，乐于尝试多种拍摄题材，对摄影器材有着浓厚兴趣，并对此有一定钻研。

赵艳：人像摄影爱好者，现进修中国传媒大学摄影系。